Né en 1977, Jonathan Safran Foer est l'auteur de *Tout est illuminé*, *Extrêmement fort et incroyablement près*, *Faut-il manger les animaux ?* et *Me voici*, qui ont tous rencontré un très grand succès public et critique.

DU MÊME AUTEUR

Tout est illuminé
Éditions de l'Olivier, 2003
et « Points », nº P1183

Extrêmement fort et incroyablement près
Éditions de l'Olivier, 2006
et « Points », nº P1746

Faut-il manger les animaux ?
Éditions de l'Olivier, 2011
et « Points », nº P2780

Me voici
Éditions de l'Olivier, 2017
et « Points », nº P4857

Jonathan Safran Foer

L'AVENIR DE LA PLANÈTE COMMENCE DANS NOTRE ASSIETTE

Traduit de l'anglais (États-Unis)
par Marc Amfreville

Éditions de l'Olivier

Les extraits des articles suivants sont reproduits
avec l'aimable autorisation du *New York Times* :

Extrait de « Learning How to Die in the Anthropocene »
de Roy Scranton
Article du *New York Times,* ©The New York Times, 2013
Tous droits réservés.

Extrait de « Raising My Child in a Doome World » de Roy Scranton
Article du *New York Times,* ©The New York Times, 2018
Tous droits réservés.

TEXTE INTÉGRAL

TITRE ORIGINAL
We Are the Weather : Saving the Planet Begins at Breakfast
ÉDITEUR ORIGINAL
Farrar, Strauss & Giroux, 2019

ISBN 978-2-7578-8268-9

Pour Sasha et Cy, Sadie et Theo,
Leo et Bea

I

INCROYABLE

Les fins qui tuent

La plus ancienne des lettres de suicide a été écrite dans l'Égypte ancienne il y a environ quatre mille ans. Son traducteur original l'avait intitulée : « Discussion avec son âme d'un homme las de la vie ». La première ligne en était : « J'ai ouvert la bouche pour m'entretenir avec mon âme et répondre à ce qu'elle avait à me dire. » Oscillant entre prose, dialogue et poésie, la suite déploie les efforts d'une personne qui veut persuader son âme d'accepter le suicide.

J'ai appris l'existence de cette lettre en lisant *Les Fins qui tuent*, une compilation de faits et d'anecdotes qui comprend aussi les dernières volontés de Virgile et de Houdini ; des élégies adressées au dronte et à l'eunuque ; et des données sur l'histoire des fossiles, de la chaise électrique et de l'obsolescence programmée. Je n'étais pas un enfant particulièrement morbide, pourtant, pendant des années, jamais je ne me séparais de ce livre de poche qui, lui, l'était.

Les Fins qui tuent m'a aussi appris que, chaque fois que je respire, j'inhale des molécules émanant du dernier souffle de Jules César. Cette idée me fascinait – la compression magique du temps et de l'espace, le lien qui s'établissait entre ce qui tenait de l'histoire légendaire et une vie quotidienne passée à ratisser les feuilles d'automne et à m'abrutir devant des jeux vidéo à Washington.

Les implications de cette découverte étaient presque incroyables. Si je venais d'absorber le dernier souffle de César (*Toi aussi, mon fils !*), alors je devais également avoir inhalé celui de Beethoven (*Une fois au paradis, j'entendrai*), et celui de Darwin (*Je n'ai pas le moins du monde peur de mourir*). Sans parler de celui de Franklin Roosevelt, de Rosa Parks et d'Elvis Presley, des Pères Pèlerins et des Indiens d'Amérique qui avaient assisté au premier banquet de Thanksgiving, de l'auteur de la première lettre de suicide, et même du grand-père que je n'avais jamais connu. Éternel descendant de survivants, j'imaginais le dernier souffle de Hitler traversant les trois mètres du toit de son bunker, les dix mètres de terre allemande et les roses piétinées de la chancellerie du Reich, puis s'engouffrant dans le front de l'Ouest avant de franchir l'océan Atlantique et, quarante ans plus tard, de gagner la fenêtre du premier étage de la chambre de mon enfance, où il se gonflait comme un ballon funeste.

Et si j'avais absorbé leur *dernier* souffle, j'avais également dû inhaler leur *premier*, et chacune de leurs inspirations entre les deux. Ainsi d'ailleurs que le souffle de chaque être vivant. Et pas seulement celui des humains, mais de tous les autres animaux : la gerboise confiée par l'institutrice aux soins de ma famille ; les poules encore chaudes que ma grand-mère avait plumées en Pologne, le dernier râle du dernier pigeon voyageur. À chaque inhalation, j'absorbais toutes les péripéties de la vie et de la mort sur Terre. Cette idée m'offrait une vision panoramique de l'histoire : une immense toile tissée à partir d'un fil unique. Quand Neil Armstrong a posé le pied sur la Lune en prononçant : « Un petit pas pour l'homme… », il a expulsé, dans un monde de silence, à travers la visière en polycarbonate de son casque, les molécules du célèbre « *Eurêka !* » clamé par Archimède, alors que le philosophe courait nu dans les rues de l'antique Syracuse au moment où il venait de découvrir que l'eau du bain déplacée par son corps était égale à la masse de celui-ci. (Armstrong allait abandonner sa botte sur la Lune pour compenser le poids des pierres qu'il voulait en rapporter.) Lorsque Alex, un perroquet gris africain, qui avait atteint le niveau de langue d'un enfant de cinq ans, avait proféré ses derniers mots – « Sois bien sage, à demain. Je t'aime » –, il avait aussi exhalé le halètement des chiens de traîneau qui tiraient Roald Amundsen à travers des étendues de glace, qui ont fondu depuis, et libéré les rugissements des fauves exotiques ramenés au Colisée pour y être massacrés par des gladiateurs. Ce que je trouvais le plus étonnant dans tout cela, c'est que j'avais ma place dans cette chaîne, je ne pouvais pas y échapper.

La fin de César a également constitué un début : son autopsie fut l'une des premières jamais pratiquées, ce qui a permis de savoir qu'il avait reçu vingt-trois coups de poignard. Les lames d'acier ont disparu. Sa toge maculée de sang a disparu. La Curie de Pompée, où il a été assassiné, et la métropole dans laquelle celle-ci se situait ne sont plus que des ruines. L'Empire romain, qui couvrait autrefois 3 millions de kilomètres carrés et regroupait plus de 20 % de la population mondiale, et dont l'anéantissement était aussi inimaginable que celui de la planète elle-même, a disparu.

Il est difficile d'imaginer un artefact de civilisation plus éphémère qu'un souffle. Mais il est impossible d'en concevoir un plus durable

Malgré tous mes souvenirs précis, *Les Fins qui tuent* n'a jamais existé. Quand j'ai essayé de retrouver les traces de cette publication, j'ai déniché à la place un livre de Charles Panati, intitulé *Extraordinary Endings of Practically Everything and Everybody*, paru alors que j'avais douze ans. Ce livre contient des pages consacrées à Houdini, à l'histoire des fossiles, et à beaucoup d'autres sujets dont je me souvenais, mais rien sur le dernier souffle de César, et rien sur la « Discussion avec son âme… », dont j'avais dû entendre parler autre part. Ces petites corrections m'ont troublé – non pas parce qu'elles étaient importantes en soi, mais parce que mes souvenirs étaient si vifs.

J'ai été davantage déconcerté encore en enquêtant sur la première lettre de suicide et en réfléchissant à son titre – ou au fait même qu'elle en ait un. Que notre mémoire soit défaillante est déjà assez dérangeant, mais la perspective que nous fassions à notre tour l'objet de semblables défaillances de la part de ceux qui viendront après nous est profondément bouleversant. Rien ne prouve aujourd'hui que l'auteur de cette première lettre de suicide soit effectivement passé à l'acte. « J'ai ouvert la bouche pour m'adresser à mon âme », écrit-il au début. Mais c'est l'âme qui a le dernier mot, poussant l'homme à « s'accrocher à la vie ». Nous ne savons rien de la réaction de l'intéressé. Il est totalement possible que cette controverse avec son âme se soit soldée par le choix de la vie, retardant ainsi le dernier souffle de l'auteur. Peut-être cette confrontation avec la mort a-t-elle donné lieu à un exemple captivant de survie. Rien ne ressemble plus à une lettre de suicide que son exact contraire.

Pas un sacrifice

Durant la Seconde Guerre mondiale, les habitants des villes américaines sur la côte Est pratiquaient l'extinction des feux à la tombée du jour. Aucun danger imminent ne les menaçait directement ; le but de ce black-out était d'empêcher les sous-marins allemands d'utiliser l'arrière-plan des lumières urbaines pour repérer et détruire les bateaux quittant le port.

Tandis que la guerre se poursuivait, on a pratiqué ces couvre-feux dans toutes les villes du pays, même celles qui se trouvaient loin de la côte, afin d'immerger les civils dans un conflit dont les horreurs étaient hors de vue, mais dont l'issue victorieuse allait nécessiter une action collective. Il fallait rappeler aux Américains que la vie telle qu'ils la connaissaient pouvait être anéantie, et l'obscurité était une façon de braquer un projecteur sur la réalité de cette menace. Les pilotes de l'aviation civile étaient encouragés à sillonner le ciel au-dessus du Middle West à la recherche d'appareils ennemis, en dépit du fait qu'aucun avion de combat allemand à l'époque n'aurait été capable de voler aussi loin. La solidarité était un facteur important, même si pareils gestes auraient été ridicules – pour ne pas dire suicidaires – s'ils étaient restés les seuls accomplis. La Seconde Guerre mondiale n'aurait jamais été gagnée sans ces actions menées aux États-Unis, à l'impact psychologique tangible : des gens ordinaires s'unissaient pour soutenir la grande cause commune. Durant la guerre, la production industrielle a augmenté de 96 %. Les Liberty Ships, des cargos qu'on mettait huit mois à construire au début du conflit, étaient désormais livrés en quelques semaines. Le *Robert E. Peary* – un Liberty Ship composé de 250 000 pièces et pesant environ 7 000 tonnes – fut assemblé en quatre jours et demi. En 1942, des entreprises qui fabriquaient autrefois des voitures, des réfrigérateurs, du mobilier de bureau en métal et des lave-linge se sont mises à produire du matériel militaire. Les usines de lingerie ont entrepris de confectionner des filets de camouflage, des calculatrices ont été transformées en pistolets, et des sacs d'aspirateur en forme de poumons furent transplantés à l'intérieur de masques à gaz. Des retraités, des femmes et des étudiants ont rejoint la population active – de nombreux États ont changé leur code du travail pour permettre à des adolescents de se mettre à l'ouvrage. Des biens de consommation courante comme le caoutchouc, les boîtes de conserve, le papier aluminium et le bois furent collectés pour être réutilisés dans l'effort général. Les studios d'Hollywood ont offert leur concours en produisant des films d'actualités, des longs métrages antifascistes et des dessins animés patriotiques. Des célébrités ont encouragé l'achat d'obligations de guerre, et certaines stars, comme Julia Child, sont devenues espionnes.

Le Congrès a augmenté le nombre de contribuables en abaissant le montant du revenu minimum imposable et en réduisant les niches fiscales et les déductions personnelles. En 1940, seuls 10 % des travailleurs américains s'acquittaient de l'impôt fédéral sur le revenu. En 1944, ce nombre était passé à près de 100 %. Le taux d'imposition pour la tranche la plus haute s'élevait alors à 94 %, tandis que le revenu soumis à cette tranche était divisé par vingt-cinq.

Le gouvernement a décidé, et les Américains ont accepté, que les prix du nylon, des bicyclettes, des chaussures, du bois de chauffe, de la soie et du charbon soient contrôlés. L'essence fut strictement régulée, et la vitesse limitée à cinquante kilomètres-heure dans tout le pays pour réduire les dépenses de carburant et la consommation de caoutchouc. Des affiches commanditées par l'État recommandaient le covoiturage en annonçant : « SEUL dans votre voiture, vous roulez pour Hitler ! »

Les agriculteurs, en nombre significativement réduit et avec beaucoup moins d'équipement, ont augmenté leur rendement, et des fermiers néophytes ont planté des « jardins de la Victoire » : de micro-exploitations dans les arrière-cours et les terrains vagues. La nourriture fut rationnée, en particulier le sucre, le café et le beurre. En 1942, le gouvernement a lancé une campagne appelée « Partager la viande » pour inciter chaque adulte à limiter sa consommation hebdomadaire de viande à environ un kilo. Au Royaume-Uni, il s'en consommait approximativement la moitié. (Cette décision collective de se serrer la ceinture a entraîné une amélioration générale de la santé.) En juillet 1942, les studios Disney ont produit un dessin animé pour le ministère de l'Agriculture, intitulé *L'alimentation va nous faire gagner la guerre*, qui présentait l'agriculture comme un pilier de la sécurité nationale. L'Amérique avait deux fois plus d'agriculteurs que les puissances de l'Axe ne possédaient de soldats. « Leurs armes, les cohortes de machines agricoles, sont les divisions blindées du front de l'alimentation : des bataillons de moissonneuses-batteuses, des régiments de camions, des unités de faucheuses de maïs, d'arracheuses de pommes de terre, de machines à planter, des colonnes de trayeuses. »

Le soir du 28 avril 1942, cinq mois après le bombardement de Pearl Harbor, au cœur donc de l'effort de guerre des États-Unis, des millions d'Américains se sont rassemblés autour de leurs transistors pour écouter le discours que leur adressait le président Roosevelt, devant sa cheminée, dans lequel il leur donnait des informations sur l'avancée du conflit et détaillait les défis qui les attendaient, y compris ce qui allait être demandé aux civils :

> Nous n'avons pas tous le privilège de combattre nos ennemis à l'autre bout du monde. Nous n'avons pas tous le privilège de travailler dans une usine d'armement, un chantier naval, ou une ferme, ou encore dans des champs pétrolifères ou des mines, pour produire des armes et des matières premières nécessaires à nos forces armées, mais il existe un front et une bataille où chacun aux États-Unis – chaque homme, chaque femme, chaque enfant – est au combat, où il ou elle aura le privilège de continuer à lutter durant toute la durée de cette guerre. Ce front est ici, chez nous, au cœur de nos vies quotidiennes et de nos tâches journalières. Ici, au pays, chacun aura le privilège de se comporter avec l'abnégation nécessaire, non seulement pour alimenter nos soldats, mais également pour maintenir la structure économique de notre pays sur des bases solides et lui assurer la sécurité durant la guerre et après. Cela exigera, bien sûr, de renoncer au superflu, mais aussi à beaucoup de nos habitudes de confort. Chaque

> citoyen américain loyal est conscient de ses responsabilités individuelles. […] Comme je l'ai déclaré au Congrès, hier, « sacrifice » n'est pas exactement le mot qui convient pour décrire l'abnégation nécessaire. Quand, à la fin de cet immense combat, nous aurons réussi à sauver les valeurs de la liberté, ce n'est pas à un « sacrifice » que nous aurons consenti.

Devoir verser au gouvernement 94 % de vos revenus est une très lourde charge. Être rationné dans son alimentation est un défi significatif. Ne pas pouvoir rouler plus vite qu'à cinquante kilomètres-heure est source de frustration. Devoir éteindre l'électricité la nuit est légèrement irritant.

Malgré l'impression partagée par de nombreux Américains que la guerre avait lieu *loin là-bas,* un peu d'obscurité semblait un effort raisonnable à exiger de citoyens qui étaient, après tout, à l'abri *ici*. Comment jugerions-nous quelqu'un qui, au milieu d'un immense conflit visant à sauver non seulement des millions de vies mais aussi *les valeurs de la liberté*, aurait estimé qu'éteindre la lumière représentait un trop grand sacrifice ?

Bien sûr, la guerre n'aurait pas pu être gagnée uniquement par ces actions collectives – la victoire a exigé la présence de seize millions de soldats américains, coûté plus de quatre mille milliards de dollars, et requis les forces armées d'une douzaine d'autres pays. Mais imaginons que la guerre n'ait pas pu être gagnée sans ces actions quotidiennes. Imaginons qu'empêcher les drapeaux nazis de flotter dans le ciel de Londres, Moscou et Washington ait rendu nécessaire d'actionner chaque soir les interrupteurs. Imaginons que les quelque dix millions et demi de Juifs qui restent dans le monde n’aient pas pu être sauvés sans ces heures d’obscurité. Alors, comment considérerions-nous l’abnégation des citoyens ?

Ce n’est pas à un « sacrifice » que nous aur[i]ons consenti.

Pas une bonne histoire

Le 2 mars 1955, une femme afro-américaine montait dans un bus à Montgomery, Alabama, et refusait de céder sa place à un passager blanc. N'importe quel(le) enfant américain(e) pourrait rejouer cette scène avec cœur, tout aussi sûrement qu'il ou elle pourrait recréer le premier banquet de Thanksgiving (en sachant ce qu'il signifiait), jeter des ballots de thé du bastingage d'un bateau en carton (en sachant ce que cela signifiait) et arborer un chapeau haut de forme en papier en récitant le discours d'Abraham Lincoln à Gettysburg (en sachant ce qu'il signifiait).

Vous pensez sans doute que vous connaissez le nom de cette première femme à avoir refusé de monter à l'arrière d'un bus, mais il est tout aussi probable que non. (Moi-même, je l'avais oublié jusque très récemment.) Et ce n'est ni un hasard ni un accident. Dans une certaine mesure, le triomphe du Mouvement des droits civiques exigeait que l'on oublie Claudette Colvin.

*

La menace principale qui pèse sur la vie humaine – la coïncidence des situations d'urgence que représentent des ouragans toujours plus forts et la montée du niveau des mers d'une part, la multiplication des épisodes de sécheresse et la baisse des ressources en eau d'autre part, l'augmentation des zones mortes des océans, les vagues massives d'insectes nuisibles et la disparition quotidienne de forêts et d'espèces – n'est pas considérée par la plupart des gens comme une « bonne histoire ». Lorsqu'il arrive que la crise planétaire nous importe, elle a tendance à apparaître comme une guerre livrée *loin là-bas*. Nous sommes conscients des enjeux vitaux et de l'urgence, mais même quand nous savons qu'une guerre pour notre survie fait rage, nous ne nous sentons pas au cœur du conflit. Cette distance entre la conscience et le ressenti a pour conséquence que même ceux qui réfléchissent et s'engagent politiquement – ceux qui veulent agir – ont du mal à le faire.

Quand des bombardiers volent au-dessus de nos têtes, comme c'était le cas pendant la guerre à Londres, il va sans dire que chacun pense à éteindre l'électricité. Mais quand les bombardements ont lieu loin de la côte, ça ne va plus sans dire, même si le danger ultime est tout aussi grand. Et quand les bombardements se produisent de l'autre côté de l'océan, il peut être difficile de croire à leur réalité, même si l'on sait parfaitement qu'ils sont en train de se déchaîner. Si nous n'agissons pas avant d'avoir ressenti la crise que nous appelons curieusement « environnementale » – comme si la destruction de notre planète était de l'ordre du contexte –, chacun se retrouvera à devoir résoudre un problème qui ne pourra déjà plus l'être.

Prendre en compte le caractère lointain de la crise planétaire demande un immense effort d'imagination. Il est épuisant d'envisager la complexité et l'échelle des menaces qui pèsent sur nous. Nous savons que le dérèglement climatique est lié à la pollution, au carbone, à la température des océans, à la disparition des forêts tropicales et des glaciers… mais la plupart d'entre nous trouverions difficile d'expliquer comment notre conduite individuelle et collective accélère les vents des ouragans d'environ cinquante kilomètres par heure ou contribue à créer un vortex polaire qui rend le climat de Chicago plus rigoureux que celui de l'Antarctique. Et nous trouvons aussi difficile de nous rappeler combien le monde a déjà changé : nous ne reculons pas devant des propositions comme la construction d'une digue de quinze kilomètres de long autour de Manhattan, nous acceptons de payer des primes d'assurance de plus en plus élevées, et la réalité de conditions climatiques extrêmes – les incendies de forêt qui s'attaquent aux métropoles, les déluges annuels censés ne se produire qu'une fois par millénaire, la multiplication du nombre de victimes des records de chaleur –, tout cela nous apparaît aujourd'hui comme une simple question de météo.

En plus de ne pas constituer une histoire facile à raconter, la crise planétaire s'est révélée ne pas être une *bonne histoire.* Non seulement elle ne nous convainc pas, mais elle ne nous intéresse même pas. Captiver et transformer sont les ambitions fondamentales du militantisme et de l'art, c'est pourquoi le dérèglement climatique connaît si peu de succès dans ces deux domaines. De façon révélatrice, le sort de notre planète occupe une place moins importante encore dans la littérature que dans le débat culturel au sens large, même si la majeure partie des écrivains se considèrent particulièrement sensibles au fait que les réalités de notre monde sont sous-représentées. Sans doute parce que les écrivains sont aussi particulièrement sensibles aux genres d'histoires qui « fonctionnent ». Celles qui perdurent dans notre culture – légendes, textes sacrés, mythes, certains épisodes historiques – ont des intrigues cohérentes, il s'y déroule des actions marquantes entre des méchants et des gentils clairement identifiés, et elles se terminent par des conclusions morales. D'où l'instinct qui pousse à présenter le dérèglement climatique – si tant est qu'on se donne la peine de le présenter – comme un événement dramatique, apocalyptique, envisagé dans le futur (plutôt que comme un processus aléatoire et progressif au cours du temps), et à dépeindre l'industrie des énergies fossiles comme l'incarnation de la destruction (plutôt que comme une des nombreuses forces qui devraient requérir notre attention). La crise planétaire – abstraite et complexe comme elle est, lente à se manifester comme elle est, et en manque de porte-parole iconiques et de moments représentatifs – semble impossible à décrire d'une manière qui soit à la fois fidèle à la vérité et captivante.

*

Claudette Colvin avait été la première femme à se faire arrêter pour avoir refusé de changer de place dans le bus à Montgomery. Rosa Parks – le nom que la plupart d'entre nous connaissons – n'est entrée en scène que neuf mois plus tard. Et quand est venu le moment pour elle de s'opposer à la ségrégation dans les bus, elle n'était pas, au contraire de ce que raconte l'histoire, une couturière épuisée qui rentrait chez elle à la fin d'une longue journée de travail. C'était une militante des droits civiques (la secrétaire de la section locale de la NAACP*), qui avait participé à des forums consacrés à

* National Association for the Advancement of Colored People : Association de défense des droits des Afro-Américains. *(Note du traducteur.)*

la justice sociale, fréquemment déjeuné avec des avocats influents et participé à la mise au point de la stratégie du mouvement. Rosa Parks avait quarante-deux ans, elle était mariée, venait d'une famille respectée. Claudette Colvin n'avait que quinze ans, elle était enceinte d'un homme plus âgé et marié de surcroît, et elle venait d'une famille pauvre. Les responsables des droits civiques – y compris Rosa Parks elle-même – ont jugé la biographie de Claudette Colvin trop imparfaite, son caractère trop instable pour faire d'elle l'héroïne du mouvement qui émergeait : l'incident ne ferait pas une assez « bonne histoire ».

Le christianisme se serait-il tellement répandu si, au lieu d'être crucifié, Jésus s'était noyé dans son bain ? Le journal d'Anne Frank serait-il si largement lu aujourd'hui si elle avait été une quinquagénaire cachée dans un placard, plutôt qu'une jeune fille à la beauté étonnante, dissimulée derrière une bibliothèque ? Dans quelle mesure le cours de l'histoire a-t-il été influencé par le haut-de-forme de Lincoln, le pagne de Gandhi, la moustache de Hitler, l'oreille de Van Gogh, la scansion de Martin Luther King, le fait que les tours jumelles avaient sans doute été les deux édifices les plus facilement croqués de la planète ?

L'histoire de Rosa Parks est à la fois un épisode bien réel qui appartient à l'histoire et une fable destinée à faire date. Comme ces photographies iconiques des soldats qui hissent leur drapeau à Iwo Jima, le couple qui s'embrasse dans *Le Baiser de l'Hôtel de Ville* de Robert Doisneau, et le laitier qui traverse les décombres de Londres bombardée, la photographie de Rosa Parks dans son bus était un montage. L'homme assis derrière elle n'était pas un partisan convaincu de la ségrégation, mais un journaliste plein de sympathie pour le mouvement de l'égalité des droits. Et comme elle devait le reconnaître elle-même plus tard, les choses ne s'étaient pas passées aussi simplement qu'on les avait racontées – ni d'une façon aussi mémorable –, elle n'était pas une femme fatiguée à qui on avait ordonné de regagner le fond du bus. Elle a néanmoins incarné la version la plus édifiante des événements parce qu'elle avait compris la puissance d'un récit. Rosa Parks s'est montrée courageuse en étant l'héroïne de son histoire, mais réellement héroïque pour avoir su en être l'un(e) des auteur(e)s.

Ce n'est pas seulement avec le recul qu'une histoire devient bonne. Les bonnes histoires font l'Histoire avec un grand H. Pour ce qui concerne le sort de notre planète – qui est aussi celui de notre espèce –, il y a là un problème sérieux. Comme l'a exprimé le spécialiste de biologie marine et réalisateur Randy Olson : « Le climat est sans doute le sujet le plus ennuyeux que le monde scientifique ait jamais eu à présenter au public. » La majorité des tentatives pour faire de cette crise un récit sont soit de la science-fiction, soit déconsidérées comme telle. Il y a très peu de versions de l'histoire du dérèglement climatique que les enfants d'une école maternelle pourraient recréer, et il n'en est aucune qui puisse émouvoir leurs parents jusqu'aux larmes. Il semble fondamentalement impossible de faire pénétrer la catastrophe telle que nous la voyons se profiler à distance dans l'ici et le maintenant du ressenti. Comme l'écrivain Amitav Ghosh l'a exprimé dans son livre *The Great Derangement* : « La crise du climat est aussi une crise culturelle, et donc de l'imagination. » Je dirais pour ma part que c'est une crise de *croyance*.

Savoir ne suffit pas

En 1942, un jeune catholique de dix-huit ans, engagé dans la résistance polonaise, Jan Karski, se vit confier une mission qui le conduisit à passer de la Pologne occupée par les nazis à Londres, et ensuite en Amérique, pour prévenir les dirigeants du monde du crime que les Allemands étaient en train de perpétrer. Se préparant pour ce voyage, il rencontra plusieurs groupes de résistants afin d'accumuler les informations et les témoignages à apporter à l'Ouest. Dans ses Mémoires, il rapporte sa rencontre avec le responsable du Bund, l'Alliance socialiste juive :

> Le chef du Bund s'approcha de moi en silence. Il saisit mon bras avec une telle violence que j'en eus mal. Je plongeai le regard dans ses yeux fixes et fous, ému par la douleur intolérable que j'y lisais.
> « Dis aux représentants des communautés juives qu'il ne s'agit pas ici de politique ni de tactique. Dis-leur qu'il faut ébranler la terre jusque dans ses fondations, le monde doit être mis sens dessus dessous. Peut-être alors qu'il se réveillera, comprendra, ressentira. Dis-leur qu'ils doivent trouver la force et le courage de faire des sacrifices auxquels aucun autre responsable politique n'a jamais dû consentir, des sacrifices aussi douloureux et uniques que le sort des nôtres qui meurent. C'est exactement ce qu'ils ne comprennent

pas. Les objectifs et les méthodes des Allemands sont sans précédent dans l'histoire. Les démocraties doivent réagir d'une façon qui soit, elle aussi, sans précédent, choisir des méthodes de réponse inédites...
Tu me demandes quel plan d'action je suggère aux représentants de la communauté juive. Dis-leur de se rendre dans tous les bureaux et les sièges des organisations de premier plan en Angleterre et aux États-Unis. Dis-leur de ne pas quitter les lieux avant d'avoir obtenu des garanties que quelque chose a été décidé pour sauver les Juifs. Dis-leur de ne rien accepter à boire ou à manger, qu'ils acceptent l'agonie tandis que le monde les regarde. Qu'ils meurent. Voilà qui pourrait secouer la conscience du monde. »

Après avoir survécu à un voyage aussi périlleux qu'on peut l'imaginer, Karski parvint à Washington en juin 1943. Là, il rencontra Felix Frankfurter, juge à la Cour suprême, un des plus grands esprits juridiques de l'histoire américaine, lui-même juif. Après avoir entendu le récit de Karski sur l'évacuation du ghetto de Varsovie et sur l'extermination dans les camps de la mort, après lui avoir posé une série de questions de plus en plus précises (« quelle est la hauteur du mur qui sépare le ghetto du reste de la ville ? »), Frankfurter arpenta le bureau en silence, s'assit dans son fauteuil et déclara : « Monsieur Karski, un homme comme moi, quand il s'adresse à un homme comme vous, doit être totalement franc. Il me faut donc vous dire que je ne crois pas à ce que vous m'avez raconté. » Quand celui qui accompagnait Karski plaida la cause du résistant polonais auprès du juge, ce dernier répondit : « Je n'ai pas dit que ce jeune homme mentait. J'ai dit que je ne parvenais pas à le croire. Mon cerveau, mon cœur sont faits de telle façon que je ne peux pas l'accepter. »

Frankfurter ne remettait pas en question la véracité du témoignage de Karski. Il ne contestait pas le fait que les Allemands étaient en train d'assassiner systématiquement les Juifs d'Europe – sa propre famille. Et il n'expliqua pas non plus, aussi convaincu et horrifié qu'il fût, qu'il n'y avait rien qu'il puisse faire. À la place, il mit en avant son incapacité à croire à la vérité et insista sur la pleine mesure qu'il prenait de cette incapacité. La conscience de Frankfurter n'avait pas été secouée.

Nos cerveaux et nos cœurs sont façonnés de manière à pouvoir accomplir certaines tâches, mais peu préparés à en réaliser d'autres. Nous savons très bien calculer le trajet d'un ouragan, mais nous sommes démunis quand il s'agit de décider comment l'éviter. Parce que nous avons connu une évolution pendant des centaines de millions d'années, dans des cadres qui ressemblent assez peu au monde moderne, nous sommes souvent amenés à éprouver des peurs, des indifférences et des désirs qui sont inadéquats et ne constituent pas une réponse adaptée aux réalités présentes. Nous sommes irrésistiblement attirés par la satisfaction de besoins immédiats et topiques – nous avons terriblement envie, par exemple, de graisse et de sucre (extrêmement nocifs pour des gens qui vivent dans un monde où on les trouve aussi facilement) ; nous témoignons d'une hypervigilance à l'égard de nos enfants qui escaladent les cages à poule (alors qu'il existe tellement de risques bien plus grands pour leur santé que nous négligeons, tels que la surconsommation de graisse et de sucre) – tout en demeurant indifférents à tout ce qui représente potentiellement un danger mortel, mais qui sévit *loin là-bas*.

Dans une étude récente, Hal Hershfield, psychologue à l'université de UCLA, a dévoilé que, quand on demandait à des sujets d'imaginer la personne qu'ils seraient plus tard – même seulement dix ans plus tard –, l'activité de leur cerveau, telle qu'elle apparaissait à l'IRM, offrait davantage de ressemblances avec les images produites lorsqu'ils décrivaient des inconnus qu'avec celles où ils se dépeignaient dans le présent. Cependant, quand on leur montrait des images virtuelles d'eux-mêmes à un âge plus avancé, cette disparité reculait et leur comportement se modifiait. Lorsqu'on leur avait demandé comment ils répartiraient une somme de mille dollars entre quatre options – un cadeau pour un être cher, une distraction, un compte en banque ou un fonds de pension –, les sujets auxquels on avait présenté leurs avatars vieillis ont placé pratiquement deux fois plus d'argent dans les fonds de retraite que ceux qui n'avaient pas été confrontés à ces images.

Il a été largement démontré que les réactions émotionnelles sont intensifiées par le caractère tangible d'une situation. Les chercheurs ont décrit un certain nombre de « préjugés de sympathie » susceptibles de susciter l'intérêt d'un témoin : le fait que la victime soit connue (la possibilité de visualiser les détails de sa souffrance), l'effet de groupe (la suggestion d'une proximité sociale avec elle), et l'effet de sympathie dépendant du contexte précis (la présentation de l'état de la victime comme non pas seulement inquiétant mais en voie d'aggravation). Un groupe de chercheurs a réalisé une expérience de collecte de fonds par courrier auprès de deux cent mille donateurs potentiels. Si la détresse de la cible était présentée comme accidentelle plutôt que chronique, les dons augmentaient de 33 %. Si le donateur et la cible partageaient la même religion, les dons montaient de 55 %. Si le courrier fournissait le nom d'un individu, au contraire de désigner un groupe anonyme, les dons s'accroissaient de 110 %. La combinaison de ces différentes tactiques a produit une augmentation des dons de 300 %.

Le problème que pose la crise planétaire est qu'elle se heurte à un certain nombre de « préjugés d'apathie » intrinsèques. Bien que plusieurs des désastres accompagnant le dérèglement climatique – phénomènes météorologiques extrêmes, inondations, incendies non maîtrisés, exil des populations et réduction des ressources, pour citer les plus notables – comportent une dimension à la fois personnelle et spectaculaire, et suggèrent une situation sans cesse en train de s'aggraver, ils n'apparaissent pas comme tels à cause de leur accumulation même. Ces catastrophes sont perçues comme abstraites, lointaines et isolées, plutôt que comme les différents fils d'intrigue d'un récit à l'intensité toujours croissante. Comme l'a écrit Oliver Burkeman, journaliste au *Guardian* : « Si une cabale de psychologues malfaisants s'était rassemblée dans une base sous-marine secrète en vue de préparer une crise pour laquelle l'humanité serait désespérément mal équipée, ils n'auraient rien pu imaginer de mieux que le dérèglement climatique. »

Ceux qu'on appelle les adversaires de la théorie du dérèglement climatique rejettent les conclusions auxquelles sont arrivés 97 % des scientifiques : la planète se réchauffe *à cause* des activités humaines. Mais qu'en est-il de ceux d'entre nous qui disons accepter l'idée que ce changement est lié à des facteurs humains ? Nous ne pensons peut-être pas que les climatologues mentent, mais sommes-nous capables de *croire* ce qu'ils nous disent ? Une telle conviction nous éveillerait sans doute à la réalité de l'impératif éthique et urgent qui s'y rattache, elle ébranlerait notre conscience collective et nous conduirait à accepter les petits sacrifices du présent pour nous épargner ceux, cataclysmiques, auxquels il faudra consentir à l'avenir.

Accepter intellectuellement la vérité n'a pas de valeur en soi. Et cela ne nous sauvera pas. Quand j'étais enfant, on me disait souvent « Tu le sais bien pourtant… » lorsque je faisais quelque chose que je n'aurais pas dû faire. Que j'aie su ou non marquait la différence entre une erreur et une faute.

Si nous admettons une réalité factuelle (notre responsabilité dans la destruction de la planète) mais que nous demeurons incapables d'y croire, nous ne valons pas mieux que ceux qui refusent de voir l'implication humaine dans les changements climatiques – exactement comme Felix Frankfurter ne valait pas mieux que ceux qui niaient la réalité de la Shoah. Quand l'avenir distinguera ces deux sortes de déni, lequel apparaîtra comme une erreur grave, lequel comme un crime impardonnable ?

L'envie de vivre*

Un an avant que Karski ne parte à l'Ouest pour informer le monde du massacre des Juifs d'Europe, ma grand-mère quittait son village de Pologne pour sauver sa vie. Elle laissait derrière elle quatre grands-parents, sa mère, deux sœurs, ses cousins et ses amis. Elle avait vingt ans et ne savait rien d'autre que ce que personne n'ignorait : les nazis avançaient vers la Pologne orientale occupée par les Russes et n'étaient plus qu'à quelques jours de distance. Interrogée sur les raisons qui l'avaient poussée à partir, elle répondait invariablement : « J'ai senti qu'il fallait que je fasse quelque chose. »

Mon arrière-grand-mère, plus tard fusillée au bord d'une fosse commune alors qu'elle tenait dans ses bras sa belle-fille, regarda ma grand-mère faire son baluchon. Elles ne dirent pas un mot. Ce silence fut leur dernier échange. Elle en savait autant que sa fille sur le danger, mais ne sentait pas qu'il lui fallait « faire quelque chose ». Son savoir restait abstrait.

* Le titre original de ce chapitre « Be Leaving, Believing, Be Living », proprement intraduisible, ainsi que l'erreur de compréhension de l'enfant citée plus loin reposent sur la parenté phonétique entre « be leaving » (s'en aller), « believing » (croire) et « be living » (être en vie). *(Note du traducteur.)*

La sœur cadette de ma grand-mère, abattue par la suite pour avoir tenté d'échanger une babiole contre un peu de nourriture, sortit sur le seuil de la maison pour prendre congé de son aînée. Elle retira son unique paire de chaussures et les tendit à ma grand-mère : « Tu as de la chance de partir. Ça me fait envie. » On m'a raconté cette histoire de nombreuses fois. Enfant, j'entendais « en vie ».

Peut-être n'était-ce pas seulement de la chance. Si un certain nombre de facteurs avaient été différents au moment où ma grand-mère est partie – si elle avait été malade, ou simplement amoureuse –, elle n'aurait peut-être pas eu la chance de partir. Ceux qui sont restés n'étaient en rien moins courageux, moins intelligents, ni moins ingénieux, ils n'avaient pas moins peur de mourir, mais ils ne croyaient pas que ce qui allait advenir serait si différent de ce qui s'était déjà produit tant de fois. On ne peut pas se forcer à croire. Et on ne peut pas non plus forcer quelqu'un d'autre à croire, même avec des arguments plus forts et plus convaincants, même avec des preuves irréfutables. Comme le réalisateur Claude Lanzmann l'a exprimé dans son prologue au *Rapport Karski*, un documentaire sur la visite du jeune résistant polonais en Amérique :

> Qu'est-ce que savoir ? Qu'est-ce qu'une information sur une horreur à la lettre inouïe peut signifier pour un cerveau humain, impréparé à la recevoir car il s'agissait d'un crime sans précédent dans l'histoire des hommes ? [...] On demandait à Raymond Aron, réfugié à Londres, s'il avait su alors ce qui se passait à l'Est. Il répondait : « J'ai su mais je ne l'ai pas cru, et puisque je ne l'ai pas cru, je ne l'ai pas su. »

Il m'arrive de m'imaginer en train de passer d'une maison à l'autre dans le *shtetl* de ma grand-mère, de saisir par les joues ceux qui sont restés et de leur crier : « Il faut que vous fassiez quelque chose pour rester en vie ! » Je fais ce rêve dans une maison dont je sais qu'elle consomme un nombre incalculable de fois la part d'énergie qui me correspond, et je sais qu'elle est emblématique d'un mode de vie vorace dont je sais aussi qu'il détruit notre planète. Je suis capable d'imaginer un de mes descendants rêvant à son tour de me saisir par les joues en criant : « Il faut que tu fasses quelque chose pour rester en vie ! » Mais je suis incapable d'y croire assez pour faire quelque chose. Donc, c'est comme si je ne savais rien.

Un matin, alors que je le conduisais à l'école en voiture, mon fils a relevé les yeux du livre qu'il feuilletait et m'a dit : « On a tellement de chance d'être *en vie*, tu sais. »

Voici quelque chose que je ne sais pas : comment faire coïncider mon sentiment de la chance d'être en vie avec une conduite qui suggère que j'y suis indifférent ?

Ma grand-mère avait pris son manteau d'hiver quand elle a quitté la maison, même si c'était le mois de juin.

Force extrême

En 2006, par une nuit d'été, Kyle Holtrust, un jeune homme de dix-huit ans, roulait à bicyclette en sens inverse de la circulation dans les quartiers est de Tucson, Arizona, quand une Chevrolet Camaro le percuta et l'entraîna avec elle sur une dizaine de mètres. Passager d'un camion qui passait par là, Thomas Boyle Jr bondit de son siège et se précipita à son secours. Submergé par l'adrénaline, il saisit le châssis de la voiture et la souleva par l'avant, la maintenant en l'air pendant quarante-cinq secondes tandis qu'on extrayait le jeune homme. Il a expliqué son geste en disant : « J'aurais été un être humain si horrible si j'avais regardé quelqu'un souffrir comme ça sans essayer de l'aider… Une seule chose m'est venue à l'esprit : et si c'était mon fils ? » Il avait ressenti l'urgence de *faire quelque chose.*

Mais quand on lui a demandé *comment* il avait réalisé cet exploit, il s'est montré perplexe : « Je ne vois vraiment pas comment je pourrais recommencer à soulever cette voiture maintenant. » Le record mondial du soulevé de terre est établi à cinq cents kilos. Une Chevrolet Camaro pèse entre trois et quatre fois plus. Boyle, qui n'était pas haltérophile, a témoigné de ce qu'on appelle « la force extrême » – une prouesse physique, réalisée dans une situation de vie ou de mort, qui excède ce qui serait normalement possible.

Une personne extraordinaire avait donc soulevé la voiture qui écrasait le corps de Holtrust mais de nombreuses personnes s'étaient alors garées au bord de la route pour faciliter l'arrivée de l'ambulance. Elles ont été tout aussi importantes dans le sauvetage de la vie du jeune homme, mais nous ne retenons pas leur acte comme exceptionnel. Soulever une voiture dans les airs est ce que l'on peut faire de mieux. Garer sa voiture quand une ambulance arrive est le moins que l'on puisse faire. La vie de Kyle, cependant, a tenu aux deux.

Quand j'étais à l'école primaire, des policiers et des pompiers organisaient des présentations annuelles dans le but de nous insuffler une conscience civique et le sens des responsabilités, ainsi que de nous apprendre comment réagir dans des situations de danger. Je me rappelle un pompier nous expliquant que, chaque fois que nous voyons une ambulance, nous devrions imaginer qu'elle transporte un être cher. Quelle triste pensée à déposer dans la tête d'un enfant ! En particulier parce que ce conseil n'établit par les bons liens. Nous ne nous écartons pas du passage d'une ambulance parce que quelqu'un que l'on aime pourrait être à l'intérieur. Et nous ne nous en écartons pas parce que c'est la loi. Nous le faisons parce que *c'est ce qui se fait*. Laisser passer une ambulance relève des normes sociales – comme faire la queue ou jeter ses ordures à la poubelle. Ces règles imprègnent tellement notre culture que nous n'y songeons même pas.

Les normes peuvent changer, et on peut faire comme si elles n'existaient pas. À Moscou, au début des années 2010, il y a eu un déferlement d'« ambulances taxis » – des fourgonnettes maquillées en véhicules d'urgence à l'extérieur mais à l'habitacle luxueusement équipé, qui se louaient plus de deux cents dollars de l'heure afin d'échapper aux embouteillages notoires de la ville. On a peine à imaginer qu'un non-utilisateur de ce type de véhicules accepte leur existence. Ils constituent une offense – non seulement parce qu'ils abusent de notre crédulité en tant qu'individus (la plupart d'entre nous ne se feront jamais dépasser par une voiture de ce type), mais parce qu'ils contreviennent aussi à la façon dont nous acceptons de nous sacrifier pour le bien commun. Ils exploitent nos meilleurs instincts. Le couvre-feu en Amérique avait entraîné des pillages durant la Seconde Guerre mondiale, et le rationnement de la nourriture, la fabrication de faux tickets et des vols. À Londres, quand une boîte de nuit de Piccadilly a essuyé un bombardement de la Luftwaffe, les sauveteurs ont dû lutter contre des malfrats qui essayaient d'arracher leurs bijoux aux morts.

Mais il s'agit ici de cas extrêmes. La majeure partie du temps, nos conventions et les identités qu'elles façonnent sont si discrètes qu'elles sont presque imperceptibles. Évidemment, nous ne nous promenons pas au volant de fausses ambulances, mais plusieurs exemples de nos comportements d'aujourd'hui paraîtront tout aussi nocifs (et même pires) à nos descendants. Le mot « ambulance » est écrit à l'envers sur le capot des véhicules pour qu'il puisse être lu dans le rétroviseur des conducteurs qui les précèdent. On pourrait dire que ce mot est tracé à destination de l'avenir – pour les voitures qui se trouvent plus avant sur la route. De même que la personne que transporte une ambulance ne peut pas déchiffrer ce mot, nous ne pouvons pas lire l'histoire que nous sommes en train de créer. Elle s'écrit à l'envers, destinée à être lue dans le rétroviseur de ceux qui ne sont pas encore nés.

Le mot « *emergency* » en anglais (urgence) vient du latin « *emergere* » qui signifie « s'élever, être amené à la lumière ».

Le mot « apocalypse » dérive du grec « *apokalyptein* » qui veut dire « découvrir, révéler ».

Le mot « crise » a pour origine le mot grec « *krisis* », traduit par « décision ».

L'intuition que les désastres tendent à exposer ce qui était autrefois dissimulé est encodée dans notre langage. Comme la crise planétaire se déploie en une série d'urgences, nos décisions révéleront donc qui nous sommes.

Des défis différents exigent, et suscitent, des réactions différentes. Un sentiment d'urgence est une réaction appropriée quand on voit une personne coincée sous une voiture, mais quand quelqu'un vend une maison, par ailleurs en très bon état, à cause d'une fuite minuscule, son sentiment d'urgence est exagéré. Qu'exige l'état de la planète, et quelles réactions suscite-t-il ? Et que se passe-t-il s'il n'inspire pas les réponses indispensables – si nous nous révélons être de ceux qui placent un gyrophare sur leur voiture pour échapper aux bouchons mais qui refusent d'éteindre les lumières à la maison pour éviter la destruction ?

Matchs à l'extérieur

Malgré les nombreux exemples observés de déploiement d'une force extrême, on n'a jamais pu en démontrer l'existence dans un cadre contrôlé parce qu'il ne serait pas éthique de créer les conditions nécessaires à son accomplissement. Mais même au-delà des cas répertoriés, on a de bonnes raisons de supposer qu'il s'agit d'un phénomène bien réel, comparable aux décharges électriques sur les muscles (qui mettent en évidence une force infiniment supérieure à celle que l'on peut mobiliser volontairement) et aux performances des athlètes au cours des compétitions les plus exigeantes. Ce n'est pas un hasard si la grande majorité des records mondiaux sont enregistrés durant les Jeux olympiques, quand le public est infiniment plus nombreux que celui de toute autre manifestation sportive et que les enjeux sont beaucoup plus importants. Les athlètes sont alors capables de donner davantage parce que les résultats leur tiennent plus à cœur.

Quel que soit le sport, les individus et les équipes gagnent plus souvent lorsqu'ils affrontent leurs adversaires à domicile. (Non seulement la plupart des records mondiaux sont obtenus lors des Jeux olympiques, mais le pays d'accueil effectue presque toujours des performances spectaculaires.) Cela s'explique en partie par le fait que les sportifs bénéficient dans ce cas d'une bonne nuit de sommeil chez eux la nuit précédente, qu'ils consomment des plats préparés à la maison, et qu'ils jouent sur un terrain familier. Une autre partie de l'explication réside dans la partialité de l'arbitre en faveur de l'équipe qui joue à domicile. Mais le plus grand avantage doit être cherché du côté des supporters : jouer dans un stade empli de fans décuple la confiance en soi et incite à se dépasser pour gagner. Une étude de la ligue de football allemande, la Bundesliga, a démontré que les avantages à jouer sur son propre terrain étaient encore plus grands dans des stades où la pelouse n'était pas entourée par une piste. Plus proches sont les fans, plus leur présence est déterminante – plus jouer « à la maison » donne l'impression d'être vraiment « chez soi ».

Il est naturel de supposer que, si nous devons mobiliser la volonté nécessaire pour faire face à la crise planétaire, il va nous falloir aussi créer les conditions d'un indispensable intérêt. Nous allons devoir considérer la Terre comme notre seul domicile – non pas idiomatiquement, non pas intellectuellement, mais viscéralement. Comme l'a exprimé Daniel Kahneman, lauréat du prix Nobel de psychologie, qui, le premier, a compris que nos cerveaux fonctionnent à deux vitesses (une lente, réflexive, et une rapide, plus intuitive) : « Pour sensibiliser l'opinion, il va falloir que cette question soit investie émotionnellement. » Si nous continuons à considérer la lutte à mener pour sauver la planète comme un match qui se jouera plus tard dans la saison, nous sommes condamnés à perdre.

De façon très claire, les faits ne suffisent pas à nous interpeller. Mais ne devrions-nous pas commencer par interroger notre incapacité à faire naître et à entretenir les émotions nécessaires ? J'ai moi-même bataillé contre mes propres réactions à la crise planétaire. Il me paraît évident que le sort de la Terre m'importe, mais si le temps et l'énergie investis donnent la mesure de mon intérêt, il est indéniable alors que je me soucie davantage de la destinée d'une équipe de base-ball particulière de ce bas monde, celle de la ville de mon enfance, les Washington Nationals. Il me paraît évident que je ne suis pas de ceux qui nient la réalité du dérèglement climatique, mais il est tout aussi indéniable que je me comporte comme l'un d'eux. J'autoriserais mes enfants à sécher l'école pour participer à la ola d'ouverture de la saison de base-ball, alors que je ne fais pratiquement rien pour m'opposer à un avenir où notre ville natale risque d'être à jamais submergée par les eaux.

Pendant que je faisais des recherches pour ce livre, j'ai souvent été choqué par ce que j'apprenais. Mais rarement ému. Quand c'était le cas, ce sentiment était éphémère, et jamais assez profond ni durable pour changer ma conduite au long cours. Même les informations les plus terrifiantes, comme celles fournies dans l'implacable exposé de David Wallace-Wells, « La Terre inhabitable » – l'article le plus lu de toute l'histoire du *New York Magazine*, au moment de sa publication –, n'ont pas réussi à secouer ma conscience ni à y créer un sentiment d'inquiétude permanent. Ce n'est pas la faute de cet article, qui était non seulement parfaitement documenté mais aussi intelligent et d'une lecture agréable – enfin, pour autant qu'une prophétie apocalyptique non fictionnelle puisse l'être. La faute en revient au sujet. Il est terriblement, tragiquement difficile de parler de la crise planétaire d'une façon crédible.

Thomas Boyle Jr n'a eu nul besoin d'être informé pour que lui vienne l'idée de soulever la Camaro qui écrasait Kyle Holtrust ; il n'a eu besoin que de sentiments : « Une seule chose m'est venue à l'esprit : et si c'était mon fils ? » Mais que se serait-il passé si les connexions affectives n'avaient pas été aussi fortes ? Aurait-il soulevé la voiture – en aurait-il été capable, aurait-il au moins essayé – s'il lui avait été plus difficile d'imaginer que c'était son enfant ? Si la victime avait été d'une couleur de peau ou d'un âge différents ? Que se serait-il passé si Boyle avait assisté à un simulacre de l'accident sur un écran et qu'on lui avait dit que soulever de terre mille cinq cents kilos pouvait sauver la victime d'un accident aux antipodes ? Malgré les relations de tendresse que la plupart des gens entretiennent avec leurs animaux domestiques, et la fréquence à laquelle ces mêmes animaux sont heurtés par des automobiles, on n'a jamais vu un seul individu soulever une voiture pour libérer un chien ou un chat coincé sous un châssis. Nos corps ont des limites, et nos émotions aussi. Mais alors, que se passera-t-il si nos limites émotionnelles ne peuvent pas être dépassées ?

Écrire « K-O » sur ses gants

Il y a trop longtemps que j'ai vérifié l'état de mon toit pour me rappeler exactement quand c'était. Cela m'est sorti de la tête parce qu'il n'est pas à portée de vue – littéralement, je ne vois pas comment il est, et au contraire d'une tache d'humidité, esthétiquement déplaisante, un toit délabré n'est ni hideux, ni embarrassant. Même si je parvenais à l'examiner, le profane que je suis n'évaluerait sans doute pas les réparations indispensables à effectuer avant de devoir le remplacer. L'idée même d'une réfection complète m'a dissuadé de m'interroger sur la nécessité de devoir le faire.

Mon plus jeune fils a fait un cauchemar l'autre nuit, pendant que je prenais une douche. Je l'ai entendu gémir à travers la cascade d'eau, la paroi vitrée et les trois murs qui nous séparaient. Quand je suis arrivé au pied de son lit, il s'était déjà paisiblement rendormi. Sa chambre, somptueusement décorée, se trouve sous un toit qui est peut-être en voie de détérioration.

La force extrême dont j'ai parlé pourrait expliquer que j'ai entendu ses petits gémissements, mais quelle déficience me permet de ne pas prêter attention à l'état précaire du toit, ni à celui, tout aussi précaire, du ciel qui le surplombe ? Je suis prêt à parier que, à un moment ou un autre, tous les Juifs du village de ma grand-mère écrasaient une mouche qui s'était posée sur leur visage. L'inertie qui me conduit à ne m'intéresser ni à mon toit ni au climat est la même que celle qui a conduit autant d'entre eux à rester sur place alors qu'ils savaient que les nazis approchaient. Nos systèmes d'alarme ne sont pas conçus pour les menaces virtuelles.

J'étais à Detroit quand l'ouragan Sandy s'apprêtait à frapper la côte Est. Tous les vols pour New York avaient été annulés, et il serait impossible de trouver une place d'avion durant les prochains jours. La perspective de demeurer éloigné de ma famille m'était intolérable. Il n'y avait rien de spécial à faire à la maison – nous avions des provisions considérables de bouteilles d'eau et de nourriture non périssable dans les placards, des torches électriques et des piles de rechange –, mais il fallait que je sois là. J'ai réussi à dénicher la dernière voiture de location disponible de la région et pris la route à 11 heures du soir. Douze heures plus tard, je roulais au beau milieu des avant-postes de la tempête. Le vent et la pluie rendaient la conduite pratiquement impossible. Les dernières soixante minutes se sont converties en quatre heures. Les enfants dormaient déjà à mon arrivée. J'ai appelé mes parents, comme je l'avais promis, et ma mère a déclaré : « Tu es un très bon père. »

J'avais roulé seize heures simplement pour être là. Au cours des jours, des mois et des années qui ont suivi, je n'ai presque rien fait pour que les chances de voir un nouvel ouragan s'abattre sur ma ville diminuent. Je me suis même à peine posé la question de ce que je pourrais y faire.

Je m'étais senti bien durant ce voyage en voiture. Rien qu'être là, sans rien de spécial à accomplir, m'avait fait me sentir bien. De même que les compliments maternels sur ma façon de tenir mon rôle de père, et le moment où les enfants avaient paru rassurés de me savoir là quand ils étaient descendus de leurs chambres. Mais quel père faut-il être pour faire passer l'impression de « se sentir bien » avant le fait de « bien agir » ?

J'étais gamin quand j'ai appris pourquoi le mot « ambulance » est écrit à l'envers. J'adorais l'explication. Mais aujourd'hui je suis plus vieux et il y a quelque chose que je ne parviens pas à comprendre : existe-t-il quelqu'un au monde qui, apercevant une ambulance dans son rétroviseur – le gyrophare allumé, la sirène qui mugit –, aurait tout de même besoin du mot « ambulance » pour reconnaître le véhicule ? Est-ce que ce n'est pas un peu comme si un boxeur écrivait le mot « K-O » sur son gant de boxe ?

Je me précipite pour apaiser mon fils qui fait un cauchemar, mais je ne fais quasiment rien pour éviter un cauchemar au monde. Si seulement je pouvais percevoir la crise planétaire comme un appel de mon enfant endormi. Si seulement je pouvais percevoir cette crise exactement pour ce qu'elle est.

Il arrive qu'il faille écrire « K-O » sur un gant. Le cyclone Sandy a cogné fort sur notre maison et notre ville. Nous avons reçu ces coups de poing sans être capables de les identifier comme tels ; pour la plupart d'entre nous, ce n'était qu'une question de météo. Les journalistes, les présentateurs, les politiciens et les scientifiques se sont montrés circonspects et ont évité de l'identifier comme un produit du dérèglement climatique jusqu'à ce qu'on puisse apporter des preuves d'une irréfutabilité qui n'existera jamais. De toute façon, que peut-on faire avec le mauvais temps si ce n'est l'accepter ?

Je veux m'intéresser à la crise planétaire. Je me considère, je veux être considéré comme quelqu'un qui la prend à cœur, tout comme je me considère et veux être considéré comme un bon père. Tout comme je me considère et veux être considéré comme quelqu'un qui prend à cœur les libertés civiques, la justice économique, la discrimination, le bien-être des animaux. Mais ces différentes identités – que je mets en avant avec une application exhibitionniste afin d'alimenter les conversations dans les dîners mondains – me poussent à prendre des responsabilités moins souvent qu'elles ne me tirent d'un mauvais pas. Elles sont moins le reflet de vérités qu'une façon d'y d'échapper. En fait, ce ne sont pas du tout des identités, mais simplement des identifiants.

Je ne m'intéresse pas à la crise planétaire, en réalité – pas au point d'y *croire* au fond de moi. Je m'applique à dépasser mes propres limites émotionnelles : je lis des rapports, regarde des documentaires, participe à des manifestations. Mais mes limites ne bougent pas. S'il vous apparaît que je proteste trop fort, que je me montre trop critique – comment quelqu'un pourrait-il afficher son indifférence au sujet traité par son propre livre ? –, c'est sans doute parce que vous avez aussi surestimé votre engagement, tout en ne prenant pas la mesure de celui qui est nécessaire.

En 2018, tout en sachant plus que jamais sur la responsabilité humaine dans le dérèglement climatique, nous avons produit plus de gaz à effet de serre que jamais auparavant, à une vitesse trois fois supérieure à la croissance de la population. On se donne des explications confortables – l'utilisation croissante du charbon en Chine et en Inde, une économie mondiale forte, des variations marquées des températures saisonnières qui ont nécessité des pics dans la consommation d'énergie pour chauffer et climatiser. Mais la vérité est aussi brutale que simple : tout cela ne nous intéresse pas.

Alors que faire maintenant ?

Selfies

De la même façon que nos descendants ne feront pas la différence entre ceux qui niaient la science du dérèglement climatique et ceux qui se conduisaient comme s'ils n'y croyaient pas, ils ne distingueront pas non plus ceux qui avaient le sentiment de s'investir à fond pour sauver la planète de ceux qui tout simplement la sauvaient. Il est possible que nous soyons incapables d'éprouver des sentiments suffisamment forts pour notre planète. Il est également possible qu'il ne soit pas nécessaire d'en éprouver. Les sentiments pourraient bien, dans ce cas, entraver le progrès plutôt que de le faciliter.

Le premier portrait photographié d'un être humain a été pris en 1839 – c'était un selfie. Robert Cornelius avait installé un boîtier équipé d'une lentille de jumelles de théâtre dans l'arrière-boutique du commerce familial de lampes et de lustres à Philadelphie. Il retira le cache qui occultait la lumière devant la lentille, se précipita dans le champ, demeura immobile pendant plus d'une minute, puis courut en sens inverse pour replacer le cache. Un peu moins de deux siècles plus tard, quatre-vingt-treize millions de selfies sont pris chaque jour par les seuls utilisateurs d'Android. Les chercheurs ont récemment identifié un état psychologique défini par le besoin impérieux de prendre des selfies et de les charger sur les réseaux sociaux au moins six fois par jour. Ils l'ont appelé : « selfite chronique ».

Si une cabale de psychologues malfaisants avait imaginé le dérèglement climatique comme la catastrophe parfaite capable de détruire notre espèce, ils auraient pu ajouter aux différents facteurs y concourant la chaîne d'information MSNBC, les réseaux sociaux et les voitures hybrides pour faire bonne mesure, tant chacun de ces trois éléments produit *l'impression* d'un engagement (au contraire d'un engagement bien réel), à peu près de la même manière que les selfies peuvent nous donner l'impression d'être présents (au contraire de l'être vraiment).

Tentant d'expliquer le développement de MSNBC, le stratège du parti républicain Stuart Stevens a déclaré : « Je pense qu'il y a beaucoup de gens qui sont terriblement troublés par la façon dont ce pays est dirigé et qui voudraient qu'on leur rappelle que 1) ils ne sont pas seuls et que 2) une alternative est possible. » Mais la solitude n'est pas le problème ; la question, c'est la manière dont le pays est dirigé. De plus, être seul tous ensemble n'apparaît pas vraiment comme une alternative, tout comme un groupe de soutien aux malades du cancer ne peut pas réduire une tumeur. Il est sans doute vrai que les téléspectateurs de MSNBC sont parfois poussés à donner de l'argent pour soutenir les candidats progressistes, et il est possible que quelqu'un quelque part ait changé d'opinion politique, plutôt que de seulement voir son sentiment de solitude apaisé par Rachel Maddow. Il est certainement vrai que les voitures hybrides roulent davantage pour une consommation moindre que les véhicules traditionnels à essence. Mais avant tout, ces choses nous font nous sentir mieux.

Et il peut être dangereux de se sentir mieux quand les choses sont en train d'empirer.

Une étude récente publiée dans *Environmental Science and Technology* a examiné cent huit scénarios concernant l'adoption de véhicules hybrides et complètement électriques durant les trente prochaines années, en prenant en compte des variables comme le prix du pétrole et de l'essence, le coût des batteries, les incitations du gouvernement à utiliser des carburants alternatifs, et une possible réduction du taux maximum d'émissions. Elle a révélé que la baisse de la pollution émise par les pots d'échappement serait largement contrebalancée par l'augmentation de la production de l'électricité nécessaire pour recharger les batteries. Il s'ensuit que « les résultats ne démontrent aucune tendance claire et constante vers un système réduisant les émissions polluantes ». Si cette conclusion est sans doute discutable, il demeure incontestable que les émissions polluantes moyennes d'un véhicule personnel ne constituent pas plus de 20 % de toutes les émissions de carbone produites par ce véhicule. Même réussir à vivre sans voiture – une action plus significative que changer de véhicule pour prendre une Prius – ne serait qu'un début. Il nous faut utiliser beaucoup moins la voiture, mais nous devons aussi faire beaucoup plus que cela. Trop souvent, *l'impression* d'avoir effectué un changement ne correspond pas au changement véritable. Pire encore, l'impression démesurée d'avoir accompli quelque chose peut nous décharger de ce qui doit effectivement être réalisé.

Est-ce que les enfants à qui l'on administre des vaccins payés par Bill Gates veulent vraiment savoir si cela le dérange de donner 46 % de son immense fortune à des œuvres de charité ? Est-ce que les enfants qui meurent de maladies qu'on aurait pu éradiquer s'intéressent vraiment au fait que Jeff Bezos se sente ou non altruiste quand il ne donne que 1,2 % de sa fortune encore plus colossale ?

Si vous vous retrouvez allongé dans une ambulance, préféreriez-vous un conducteur qui déteste son travail mais qui pilote en expert, ou un que son travail passionne mais qui met deux fois plus de temps pour vous conduire à l'hôpital ?

Pour sauver le monde, ce qu'il nous faut, c'est tout le contraire d'un selfie.

Olas, perches et bâtons

Les abeilles font la ola pour éloigner les frelons prédateurs. L'une après l'autre, elles soulèvent chacune un instant leur abdomen, créant un mouvement ondulatoire au-dessus du nid – un phénomène qu'on appelle le scintillement. Ce mouvement collectif repousse le frelon, ce que ne réussirait pas à faire isolément une abeille.

Pour une histoire d'un individu soulevant une voiture afin de libérer une personne coincée sous le châssis, il en existe des centaines de groupes qui en ont soulevé une dans les mêmes circonstances. (Et même si on ne recense aucune histoire de quelqu'un soulevant un châssis pour libérer un animal domestique, il en existe beaucoup de groupes qui ont réussi cet exploit.) Une personne coincée sous une voiture ne fait pas la différence entre l'acte époustouflant d'un quidam et les efforts collectifs, certes moindres, d'individus qui agissent ensemble.

On rapporte souvent que Einstein aurait déclaré : « Si l'abeille venait à disparaître de la surface de la Terre, il ne resterait plus à l'homme que quatre ans à vivre. » Il n'a presque certainement jamais dit cela, et l'idée est sans doute fausse. De la même façon, les statistiques largement répandues selon lesquelles un tiers de toute la production agricole du monde dépend de la pollinisation des abeilles ne sont pas exactes. Néanmoins, il est absolument certain que la population d'abeilles a terriblement chuté à cause du changement des températures (et, entre autres facteurs, à cause des pesticides, de la monoculture et de la réduction de leur habitat au profit de l'agriculture industrielle), et tout aussi certain que les effets en seront profonds et qu'ils se font déjà sentir – déterminant quelles sortes de produits agricoles doivent être privilégiés, la manière dont leur prix est déterminé et les modes de culture adoptés.

De la Chine à la Californie en passant par l'Australie, les producteurs de fruits et d'oléagineux sont souvent obligés de louer des essaims auxquels on fait parcourir des centaines de kilomètres pour féconder leurs arbres. Et dans les régions où la main-d'œuvre humaine est moins chère que la force de travail des abeilles – une idée qui vaut la peine qu'on s'y arrête – la pollinisation se fait à la main. Des nuées de travailleurs agricoles envahissent les champs et à l'aide de longs bâtons, au bout desquels ils ont fixé des plumes de poule et des filtres de cigarettes, ils transfèrent méticuleusement le pollen depuis des bouteilles qu'ils portent autour du cou jusqu'au stigmate de chaque fleur. Un photographe qui a fait un reportage sur ce procédé a expliqué : « D'une part, cette pratique révèle le prix que les humains font payer à l'environnement, mais d'autre part, elle démontre notre capacité à demeurer efficaces malgré tout. »

Vraiment ? Quel que soit son sens, le mot « efficace » peut-il décrire une situation où les êtres humains doivent faire le travail des abeilles ? Peut-on imaginer « d'autre part » quelque chose qui de près ou de loin ressemble à une contrepartie édifiante ou même acceptable ?

Les perches à selfie symbolisent parfaitement la façon dont la performance sociale est aujourd'hui privilégiée

– *regardez-moi en train de faire cela*. Les bâtons à pollen symbolisent parfaitement notre crise planétaire – *regardez ce qui se passe quand personne ne fait rien*. Il n'est pas certain que les perches à selfie évoluent inévitablement vers leur transformation en bâtons à pollen, mais il est bien possible qu'on ne puisse pas se débarrasser des uns sans s'interdire les autres.

Gardez ces deux images à l'esprit : un individu qui soulève une voiture pour dégager un de ses semblables coincé sous le châssis, et des centaines de travailleurs agricoles qui assurent minutieusement la pollinisation à la main. Peut-on dire que ce sont là les deux seules manières envisageables de réagir à une crise ? La force extrême ou la faiblesse extrême ?

Non, il existe une troisième voie.

Je n'ai jamais lancé une ola au base-ball. Une ola n'exige ni initiative ni participation.

Je n'ai jamais été atteint par une ola au moment précis où j'étais gagné par un sentiment d'enthousiasme. Une ola n'a nul besoin de vos sentiments, elle les produit.

Je n'ai jamais non plus résisté à une ola.

L'urgence d'agir

96 % des familles américaines se rassemblent autour du repas de Thanksgiving. C'est plus que le pourcentage d'Américains qui se brossent les dents tous les jours, qui ont lu un livre au cours de la dernière année, ou qui ont jamais quitté l'État dans lequel ils sont nés. C'est sans doute l'action collective la plus large – la plus grande ola – à laquelle les Américains participent.

Si les Américains se fixaient pour but de consommer autant de dindes que possible en un jour, on aurait beaucoup de mal à imaginer comment aller au-delà des quarante-six millions de volatiles consommés le troisième jeudi de novembre chaque année. Si le président Roosevelt nous avait demandé de manger de la dinde pour soutenir l'effort de guerre, si le président Kennedy avait inspiré un objectif Lune de la consommation de dinde, je ne suis pas sûr que nous en aurions absorbé autant. Si des repas à base de dinde étaient offerts gratuitement à chaque coin de rue, je ne crois pas que plus de quarante-six millions de ces volailles seraient ingurgitées. Même si les gens étaient payés pour manger de la dinde. S'il y avait une loi forçant les Américains à organiser le repas de Thanksgiving, le nombre de ceux qui célèbrent cette fête chuterait.

Dans son essai retentissant, *The Gift Relation : From Human Blood to Social Policy*, le sociologue Richard Titmuss avance l'idée que rétribuer les donneurs de sang risquerait d'avoir un effet contre-productif, parce qu'on diminuerait alors la motivation la plus importante : l'altruisme. Une étude récente publiée par la Stockholm School of Economics a entrepris de tester la théorie de Titmuss et a de fait découvert que, dans certaines tranches de la population – le résultat était particulièrement éloquent pour les femmes –, le nombre de donneurs de sang peut baisser pratiquement de moitié quand une rétribution monétaire est accordée.

Si vous fêtez Thanksgiving – ou Noël, Pessah, ou n'importe quelle commémoration collective –, le faites-vous à cause d'une incitation externe, comme une loi ou une compensation financière ? Parce que vous ressentez spontanément une émotion ? Ou parce que, comme on laisse passer une ambulance ou que l'on se lève lors d'une ola au base-ball, le phénomène existe et que *ça se fait* ? Assurément, Thanksgiving est générateur de plaisir (un bon repas, du temps passé en famille) et de frustrations (les inconvénients du voyage, le temps passé en famille), mais pour la majorité des gens, ce ne sont pas ces facteurs qui déterminent leur décision de participer à cette fête.

Combien d'individus décident effectivement de fêter Thanksgiving chaque année ? Si la possibilité de s'en abstenir était culturellement acceptable – comme c'est le cas pour la plupart des fêtes nationales laïques, tel le 4-Juillet –, 96 % des Américains feraient-ils vraiment le même choix ? Nous nous approchons de la table non pas pour une raison d'ordre sentimental, mais parce que Thanksgiving figure au calendrier et que nous ne l'avons jamais manqué. Nous le faisons parce que nous le faisons. Souvent le seul fait de participer à une activité produit précisément le sentiment que celle-ci était censée inspirer au départ.

Une étude a été réalisée au cours du Magh Mela, un pèlerinage hindou qui se tient chaque année à Allahabad en Inde, considéré comme un des événements collectifs les plus rassembleurs au monde. Les sujets témoins – « les autres comparables » – qui n'y avaient pas participé ne témoignaient d'aucun changement dans leur identité spirituelle un mois après l'événement. En revanche, les pèlerins « faisaient preuve d'une identification sociale accrue en tant qu'hindous et participaient plus fréquemment aux rituels de prière ». Une étude d'une tout autre nature a mis au jour le fait que des couples à qui on demandait de se caresser plus longtemps qu'ils en avait normalement l'habitude après une relation sexuelle faisaient état d'une plus grande satisfaction que le groupe témoin. « Se livrer plus longtemps à des gestes de tendresse après le coït, durant la période de l'enquête, a été associé à des relations affectives et sexuelles plus satisfaisantes, trois mois plus tard », concluaient les chercheurs.

Bien qu'il soit vrai que, d'une part, les gens célèbrent Thanksgiving pour exprimer leur gratitude et participent à des fêtes religieuses pour affirmer leur appartenance culturelle, que, d'autre part, on se caresse pour exprimer son affection, la motivation originale n'a pas toujours besoin d'être forte, ni même d'être présente d'entrée de jeu. La motivation peut générer l'action, mais – de façon plus remarquable – l'action elle-même peut entraîner la motivation. Nous n'allons pas admirer les étoiles dans le désert parce que nous éprouvons un sentiment d'ordre spirituel. Nous éprouvons ce sentiment parce que nous sommes dans le désert et que nous regardons les étoiles.

Nous n'affrontons pas les queues dans les aéroports et ne parcourons pas des milliers de kilomètres pour le dîner de Thanksgiving parce que nous nous sentons particulièrement proches de nos familles, la troisième semaine de novembre. Nous ressentons cette proximité spéciale à cause du voyage et du repas.

Après que les magasins d'alimentation discount « Pay and Save » eurent placé des flèches vertes sur le sol pour conduire les clients vers les rayons de fruits et légumes, 90 % des clients les ont suivies et les ventes de produits frais ont fait un bond spectaculaire.

Dans les pays où les citoyens doivent choisir par avance de faire don de leurs organes, 15 % de la population le font. Dans les pays où, au contraire, ils doivent déclarer leur opposition et où l'absence de refus exprimé rend le don automatiquement possible, le nombre de donneurs augmente d'environ 90 %.

En poussant les hommes à viser au bon endroit, des autocollants humoristiques – dessins de mouches, de cibles, logo des Patriotes de Nouvelle-Angleterre – posés près de la bonde des urinoirs ont réduit les arrosages accidentels d'environ 80 %.

Alors qu'il est probable, dans le cas où la célébration de Thanksgiving serait rendue légalement obligatoire, que moins de personnes participeraient à cette fête, il est certain que si cette célébration n'était pas facilitée par le fait qu'elle est aussi un jour de congé national, moins de gens observeraient ce rituel. L'action collective a lieu parce que la structure y encourage – les émotions sans formes et sans caractère d'urgence suscitées par Thanksgiving ont besoin d'un échafaudage de soutien.

*

Environ 37 % des électeurs inscrits ont voté aux élections de mi-mandat en 2014 aux États-Unis. À l'élection présidentielle de 2016 – présentée partout comme « la plus importante de notre temps » –, environ 60 % de gens ont voté. Comment expliquer la participation presque unanime à l'action collective de Thanksgiving, tandis que si peu de citoyens participent à la démocratie américaine ? Les deux exigent des efforts, et les deux ne sont pas sans gratification. Pourtant une seule de ces deux actions modifie le monde pour les quatre années à venir. Nous n'avons aucune difficulté à célébrer l'histoire ensemble, mais nous trouvons plus compliqué de participer à sa création.

Au contraire de Thanksgiving, le jour des élections n'est pas férié. Bien que ces deux événements aient souvent lieu à quelques semaines d'intervalle, et que le second ait des conséquences pratiques beaucoup plus importantes que le premier, un nombre significativement plus grand d'Américains se présentent au repas de Thanksgiving qu'aux urnes. Fêter Thanksgiving est alléchant. Pour beaucoup, voter est décourageant. La plupart des gens décriraient leur expérience de Thanksgiving comme consistant à s'asseoir à table et à profiter de manière détendue d'un repas agréable avec ceux qu'ils aiment. La plupart des gens décriraient le devoir électoral comme synonyme d'une longue attente parmi des inconnus, souvent par mauvais temps, avec l'inquiétude d'être en retard au travail ou bien pour le dîner à la maison, et ensuite de savoir s'ils ont réussi à remplir correctement le bulletin de vote si complexe.

Bien sûr, il y aurait d'autres solutions. Nous pourrions rendre férié le jour des élections, autorisant chacun à manquer le travail ou l'école. Nous pourrions autoriser les citoyens à voter sur Internet, de la même façon qu'ils peuvent payer leurs impôts par voie électronique. Nous pourrions envisager de simplifier nettement le bulletin, montrer, par exemple, des photographies des candidats à côté de leurs noms.

Différentes dispositions existent pour encourager la célébration de certaines valeurs et la consommation de certains aliments, le jour de Thanksgiving. Des dispositions existent également pour décourager le vote.

Certains événements – voir un adolescent coincé sous une voiture, entendre un enfant gémir durant son sommeil, sentir un insecte qui se pose sur votre peau, prendre part aux compétitions des Jeux olympiques ou à un combat militaire – provoquent des émotions qui facilitent le passage à l'action. Pourtant de nombreux événements, de la même façon, et souvent de manière plus urgente, exigent des actions qu'ils ne savent pas inspirer. Les événements virtuels – les nazis qui approchent de votre village, une célébration nationale de gratitude, une guerre loin de nos côtes, une élection présidentielle, le dérèglement climatique – exigent des structures facilitant les actions qui provoquent des émotions.

Construire une nouvelle structure requiert des architectes et nécessite aussi parfois le démantèlement des structures existantes qui obstruent le chemin, même si nous sommes si habitués à les voir que nous ne les voyons plus du tout.

Comment naissent les olas ?

« Quand, à la fin de cet immense combat, nous aurons réussi à sauver les valeurs de la liberté, ce n'est pas à un "sacrifice" que nous aurons consenti. » Les Américains avaient entendu ces mots désincarnés à la radio ; Roosevelt les avait prononcés depuis son fauteuil roulant. Le malade atteint de polio le plus célèbre de l'histoire était aussi le plus discret. Il n'a jamais nié avoir perdu l'usage de ses jambes, mais il mettait en scène avec le plus grand soin ses apparitions politiques : tout photographe qui prenait un cliché de lui sur son fauteuil roulant était rayé du personnel de presse autorisé à la Maison-Blanche ; il ne montait jamais en voiture, ni ne descendait jamais d'un véhicule en public ; il portait des attelles métalliques pour soutenir ses jambes quand il était debout. Si vous avez jamais regardé une vidéo de Roosevelt faisant un discours – peut-être son célèbre discours de « L'infamie » prononcé devant le Congrès –, vous avez sans doute remarqué les mouvements presque spasmodiques de sa tête. Son menton remplace ses mains, qui s'agrippent à la tribune pour l'aider à se tenir droit.

En dépit de sa discrétion, Roosevelt a eu une part active dans le développement du vaccin contre la polio. En 1938, il a contribué à mettre en place l'organisation qui allait bientôt être connue sous le nom de la *March of Dimes*, une collecte des pièces de dix cents qui deviendrait la première source de financement de la recherche sur la poliomyélite. Un des bénéficiaires de ce fonds de soutien s'appelait Jonas Salk. En 1952, après avoir réussi à inoculer à des milliers de singes son vaccin « inactivé », Salk entreprit des tests sur des humains – ses premiers patients étant lui-même, sa femme et leurs trois fils. Deux ans plus tard, il lançait l'essai clinique, qui serait la plus grande expérience en matière de santé publique de l'histoire du pays. Bien qu'il n'ait alors existé aucune garantie que le vaccin ne présentait aucun danger, près de deux millions de volontaires devinrent des « pionniers de la polio ». Le 12 avril 1955 – dix ans jour pour jour après la mort de Roosevelt – les résultats de ces essais furent rendus publics : le vaccin était « sans danger, efficace et puissant ». Jonas Salk était parvenu à vaincre la polio.

*

Quand une norme sociale change rapidement, elle permet aux gens d'agir – elle libère littéralement leur action –, mais comme dans le cas d'une ola au base-ball, même si les spectateurs sont impatients d'y participer, les actions collectives ont besoin d'être déclenchées. Durant plus de deux cents ans après le premier repas de Thanksgiving, plusieurs colonies, puis divers États commémoraient Thanksgiving de façon distincte. La célébration avait lieu à des jours variés (souvent à des saisons différentes) ; dans certains cas, elle comprenait un banquet de plats régionaux spécifiques, dans d'autres elle impliquait un jeûne. George Washington a déclaré un jour de Thanksgiving national en février 1795. John

Adams en a déclaré un autre en 1798, et un autre encore en 1799. Thomas Jefferson a choisi de n'en déclarer aucun. Ce n'est qu'en 1863 – en pleine guerre de Sécession – qu'Abraham Lincoln, dans un effort pour unifier une nation qui se divisait rapidement, a fait du dernier jeudi de chaque mois de novembre un jour férié national. La fête que nous célébrons aujourd'hui a été pensée pour commémorer un banquet partagé par les colons de Plymouth et les Indiens Wampanoag en 1621, mais quand Lincoln en a proposé l'idée au cours d'un discours, il a mis l'accent sur la célébration d'une gratitude générale parce que « l'harmonie avait vaincu partout, sauf sur le théâtre du conflit militaire ». Quelles que soient ses raisons, en codifiant ainsi ce jour de fête et facilitant sa célébration, Lincoln avait créé une nouvelle norme.

Alors que la plupart des enfants se sont vu injecter le vaccin de Salk durant les mois qui suivirent son homologation, le taux de vaccination parmi les adolescents, tout aussi vulnérables à la poliomyélite, restait très bas. (Parce que la polio était aussi connue sous le nom de « paralysie infantile », on entretenait l'idée erronée que seuls les enfants en bas âge pouvaient en être frappés.) En 1956, avant de participer à l'*Ed Sullivan Show* en soutien à la Fondation nationale pour la paralysie infantile (connue sous le nom de *March of Dimes*), Elvis Presley fut pris en photo en train de se faire administrer le vaccin contre la polio. Des clichés furent ensuite publiés dans des journaux à travers tout le pays. Ce moment précis a été cité comme le point de départ d'une augmentation fabuleuse du nombre des vaccinations – des statistiques discutables mais largement répandues affirmaient que cet événement avait fait passer le taux d'immunisation aux États-Unis « de 0,6 % à 80 % en six mois » ! Ce qui pourrait suggérer que c'est Elvis Presley qui a vaincu la polio en Amérique.

*

Quand j'étais jeune, des gens fumaient à bord des avions. Cela semble si inconcevable aujourd'hui qu'il m'a fallu vérifier pour m'assurer que ma mémoire ne me jouait pas de tours. Comment considérer le phénomène si répandu du tabagisme dans notre histoire récente ? Comme une norme qui touchait toutes les tranches de la population – y compris les enfants et les femmes enceintes ? Sans doute de la même façon que les gens originaires de pays dotés d'une conscience écologiste considèrent aujourd'hui les Américains. Exactement comme nos descendants nous considérerons.

Au cours des décennies précédentes, les normes relatives au tabac ont changé : combien de personnes fument, à quelle fréquence et dans quels lieux. Ce qui était autrefois acceptable et même attrayant est devenu tabou, ou, pour le moins, déplaisant. Les taxes sur le tabac et la législation ont contribué à ce changement – tandis que la résistance opposée par les lobbies industriels l'a entravé –, mais ces modifications ont surtout été dues aux campagnes de terrain. La plupart des gens veulent faire ce qui est bon pour le monde, pourvu que cela ne leur coûte rien personnellement. Fumer est une habitude addictive dont les conséquences mondiales (le tabagisme passif et le coût des soins du cancer) paraissent lointaines. Pourtant, au cours de ma vie, le nombre de fumeurs a été réduit de moitié, en grande partie grâce aux campagnes de terrain. On pourrait dire que c'est une grande victoire, mais en fait, c'est un échec.

Pourquoi ce nombre s'est-il seulement réduit de moitié et pourquoi cela a-t-il pris si longtemps ? Dès 1949, 60 % des Américains disaient déjà que fumer était dangereux pour la santé. Le manque d'information ne constituait pas alors un obstacle et ce n'est assurément toujours pas le cas aujourd'hui. Comment faisons-nous pour concilier l'évidence largement acceptée que fumer tue et le fait qu'il y a en Amérique encore plus de fumeurs (près de trente-huit millions) que d'habitants au Canada ? Pourquoi est-ce que quelqu'un d'aussi conscient et déterminé que Barak Obama continue à s'adonner de temps à autre à une habitude qui, en moyenne, réduit la vie d'une vingtaine d'années ? Probablement pour la même raison que quelqu'un d'aussi conscient et déterminé qu'Obama n'a pas réussi à s'attaquer de façon efficace au problème du dérèglement climatique. Beaucoup de forces sont plus puissantes qu'une menace virtuelle.

L'industrie du tabac a modifié génétiquement les cigarettes pour que les facteurs d'addiction soient deux fois plus forts qu'il y a cinquante ans et les a commercialisées en nombre excessif dans les quartiers défavorisés, souvent à proximité des écoles. L'industrie du tabac a offert des cigarettes gratuites dans les cités et distribué des bons de tabac en même temps que des coupons d'alimentation. Malgré le coût sans cesse plus élevé des cigarettes, environ trois fumeurs sur quatre viennent de quartiers défavorisés.

De la même manière que les changements dans les comportements sociaux, comme la vaccination antipolio, #MeToo, l'arrêt tabagique et l'écologie sont stimulés par des forces concomitantes, ils sont aussi freinés par de telles forces.

*

La vaccination publique d'Elvis a peut-être contribué aux progrès spectaculaires de l'immunisation, mais elle n'en a pas été la cause. Selon l'historien Stephen Mawdsley :

> Cela a manifestement aidé à ce que les adolescents se fassent vacciner, mais – étonnamment – pas de façon décisive. Ce qui a vraiment changé la donne, ce sont les adolescents eux-mêmes. Avec le soutien de la Fondation nationale pour la paralysie infantile, ils ont formé un groupe appelé « Ados contre la polio », ils ont fait du porte-à-porte et organisé des soirées dansantes auxquelles seuls les individus vaccinés pouvaient participer. Cela a démontré, pratiquement pour la première fois, la capacité qu'ont les adolescents à comprendre leur propre tranche de population et à établir des liens avec elle.

Le changement dans les comportements sociaux, tout comme le dérèglement climatique, est causé par de multiples réactions en chaîne qui se produisent simultanément. L'un comme l'autre provoquent, et sont provoqués par des boucles de rétroaction. Aucun facteur isolé n'est en lui-même responsable d'un ouragan, d'une sécheresse ou d'un incendie de forêt, de même qu'aucun facteur ne peut à lui seul être responsable de la baisse du tabagisme – et pourtant, dans tous ces cas, chaque facteur a son importance. Quand un changement radical s'avère nécessaire, beaucoup prétendent qu'il est impossible que des actions individuelles le suscitent et que, par conséquent, il serait inutile que qui ce soit s'y essaie. C'est tout à fait contraire à la vérité : l'importance de l'action individuelle est précisément la raison pour laquelle tout le monde doit essayer.

Le 1er novembre 2018 environ vingt mille employés de Google ont participé à un mouvement international de grèves-surprises, avant tout pour protester contre la manière dont étaient gérées les affaires d'abus sexuel. Ces grèves-surprises se sont produites en moins d'une semaine, et plus de 60 % des bureaux de Google dans le monde entier y ont participé. Pareille réaction collective s'est révélée particulièrement significative parce qu'elle représentait un défi à cette forme d'individualisme qui constitue la philosophie d'entreprise dominante dans la Silicon Valley. Dans un communiqué de presse, les organisateurs de cette contestation ont déclaré : « Cela fait partie d'un mouvement qui va s'amplifiant, non pas seulement dans l'industrie technologique, mais dans tout le pays, il inclut des enseignants, des employés de la restauration rapide et d'autres qui utilisent la force du nombre pour provoquer un réel changement. » Une semaine plus tard, Google accédait à la première exigence des organisateurs : il mettait fin à l'arbitrage obligatoire en cas de harcèlement sexuel. (Ce type d'arbitrage avait auparavant empêché des plaintes déposées pour harcèlement sexuel d'être portées devant les tribunaux.) Quelques jours plus tard, Facebook, Airbnb et eBay lui emboîtaient le pas.

En moins d'une semaine un mouvement international de protestation s'était organisé. Huit jours plus tard, Google changeait la politique interne de son entreprise. Et quelques jours après, trois autres grandes entreprises l'imitaient. Tout ce changement s'est produit en moins d'un mois.

La polio n'aurait jamais pu être éradiquée si quelqu'un n'avait pas inventé un vaccin – ce qui a nécessité une structure de soutien (des fonds collectés par la *March of Dimes*) et la circulation de l'information (l'avancée médicale que représentait la découverte de Jonas Salk). Mais ce vaccin n'aurait jamais pu être homologué si un grand nombre de malades de la polio ne s'étaient portés volontaires pour participer aux essais – leurs sentiments personnels étaient sans importance ; c'est leur participation à l'action collective qui a permis au grand public d'avoir accès au vaccin. Et ce vaccin homologué serait resté sans effet s'il n'avait pas fait l'objet d'une sorte de contagion sociale, et donc d'une norme – son succès a résulté de campagnes publicitaires massives et d'actions de terrain.

Qui a éradiqué la polio ?

Personne.

Tout le monde.

Ouvrir les yeux

Tout comme son auteur, la majeure partie de ceux qui lisent ce livre ne sont pas des scientifiques du niveau de Jonas Salk, ni des célébrités aussi notoires que Elvis Presley. Nous vivons nos vies sans faire de remous, et encore moins de vagues. Pour ce qui est de la crise planétaire, pour la majorité d'entre nous nous sentons perdus au milieu du labyrinthe des causes et des effets, déconcertés par les statistiques toujours différentes, frustrés par toute cette rhétorique. Nous nous sentons impuissants, et pourtant inexplicablement tranquilles. Comment sommes-nous censés, nous, citoyens ordinaires, faire quelque chose à propos d'une crise que nous n'ignorons pas mais en laquelle nous ne croyons pas, dont nous n'avons au mieux qu'une connaissance confuse, et que nous n'avons pas les moyens patents de combattre ? Le film d'Al Gore, *Une vérité qui dérange*, a été pour moi une révélation intellectuelle et émotionnelle. Quand, après la dernière image, l'écran est redevenu noir, notre situation me semblait parfaitement claire, de même que la responsabilité qui était la mienne de participer au combat. À l'instar des dizaines de milliers d'Américains qui s'étaient précipités dans les bureaux de conscription en entendant la nouvelle de l'attaque de Pearl Harbor, j'ai ressenti l'urgence de m'engager.

Mais quand le générique du film a défilé, au moment où a jailli l'envie enthousiaste de faire le nécessaire pour lutter entre l'apocalypse imminente que Gore venait de décrire, des suggestions d'actions sont alors apparues à l'écran. « Êtes-vous prêts à changer votre façon de vivre ? La crise climatique peut être résolue. Voici par où commencer. »

Dites à vos parents de ne pas détruire le monde dans lequel vous vivez.
Si vous êtes parents, joignez-vous à vos enfants pour sauver le monde dans lequel nous vivons et où ils vivront.
Adoptez des sources d'énergie renouvelable.
Téléphonez à votre fournisseur d'électricité pour savoir s'il propose une énergie verte.
S'il vous dit que non, demandez-lui pourquoi.
Votez pour des dirigeants qui s'engagent à résoudre cette crise.
Écrivez aux parlementaires. S'ils ne vous écoutent pas, présentez-vous aux élections.
Plantez des arbres, beaucoup d'arbres.
Prenez la parole dans votre communauté.
Téléphonez aux radios et écrivez aux journaux.
Exigez que les États-Unis gèlent leurs émissions de CO_2.
Participez aux efforts internationaux pour mettre fin au réchauffement de la planète.
Réduisez notre dépendance au pétrole étranger ; aidez les agriculteurs à développer le bioéthanol.
Augmentez les économies de carburant ; exigez des véhicules à émissions plus faibles.
Si vous croyez en la prière, priez pour que les gens trouvent la force de changer.
Comme le dit le vieux proverbe africain, tout en priant, mettez-vous en marche.
Incitez tous ceux que vous connaissez à aller voir ce film.

J'ai trouvé cette liste, du fait de son caractère vague, terriblement frustrante (*Appeler les radios pour leur dire quoi exactement, et dans quel but ?*), je l'ai jugée incfficace (*Je peux dire à mes parents de ne pas détruire le monde dans lequel je vivrai, et ils peuvent dire aux leurs la même chose, mais à un moment ou à un autre, est-ce que quelqu'un ne doit pas prendre effectivement les choses en main ?*), totalement irréaliste (« *Bonjour, monsieur le président, c'est moi. Désolé de vous avoir fait attendre – j'étais en train d'aider les agriculteurs à développer le bioéthanol –, mais maintenant que je vous ai au bout du fil, j'insiste pour que les États-Unis gèlent les émissions de* CO_2 ») et tautologique, ce qui aurait pu me paraître risible si je n'avais pas été au bord des larmes (*Regardez ce film pour que vous puissiez en encourager d'autres à le regarder afin qu'ils puissent en encourager d'autres à le regarder*).

C'est bien de prendre la parole, bien de recycler, bien de planter des arbres, beaucoup d'arbres. Ces activités sont louables, de la même façon que scruter le ciel à la recherche d'avions ennemis qui ne seront jamais là est louable : pour nous rappeler qu'une guerre est en train d'être livrée, pour créer de la solidarité et mobiliser les volontés. D'après une analyse de 2017, recycler et planter des arbres font partie des choix personnels les plus souvent recommandés pour combattre le dérèglement climatique, mais ce ne sont pas des actions d'un grand impact – il s'agit de sentiments plus que d'actions. D'autres sont considérées comme importantes mais d'un impact négligeable : installer des panneaux solaires, économiser l'énergie, consommer des produits locaux, composter, faire sa lessive à l'eau froide et la faire sécher sur un étendoir, être sensible à l'accumulation d'emballages, acheter de la nourriture biologique, remplacer une voiture conventionnelle par une hybride. Ceux qui font ces efforts – et seulement ces efforts – se contentent de prononcer le mot « K-O » devant la cible de leurs coups. Faire voler des avions dans le ciel du Middle West sans soldats qui partent à l'assaut en Europe aurait été suicidaire.

On remarque une omission criante dans la liste de Gore, et cette absence se reproduit dans le film de 2017, *Une suite qui dérange : le temps de l'action*, à une très légère exception. On ne peut pas attribuer à cette omission un caractère accidentel sans également accuser Gore d'une forme d'ignorance radicale ou de faute professionnelle. Pour donner une échelle de l'erreur, elle serait équivalente à celle d'un médecin prescrivant de l'exercice physique à un patient en train de se remettre d'une crise cardiaque sans lui préciser aussi qu'il lui faut arrêter de fumer, réduire son stress, cesser de manger des hamburgers et des frites deux fois par jour.

Alors pourquoi a-t-il délibérément choisi de passer ce point sous silence ? Par peur, de façon presque certaine, de créer une controverse inopportune qui émousse l'enthousiasme qu'il s'était tant appliqué à susciter. Il a également été largement absent des sites Internet des organisations écologistes les plus influentes – bien qu'aujourd'hui ce soit en train de changer. Il n'en est fait aucune mention non plus dans le célèbre ouvrage, *Dire Predictions* (« Sombres Prédictions ») écrit par les climatologues Michael E. Mann et Lee R. Kump pour informer les citoyens au sujet du cinquième rapport d'évaluation du Groupe d'Experts Intergouvernemental sur l'Évolution du Climat (GIEC), publié en 2014. Après avoir prophétisé des désastres climatiques majeurs, les auteurs nous conseillent de remplacer les sèche-linge électriques par des étendoirs et de nous rendre au travail à vélo. Parmi leurs suggestions, il n'est fait aucune mention du geste quotidien qui, selon le directeur du projet Drawdown – qui a rassemblé près de deux cents scientifiques spécialistes de l'environnement et d'experts internationaux dans le but d'identifier et de mettre en place les solutions les plus efficaces pour lutter contre le dérèglement climatique –, « est la plus importante contribution que peut faire chaque individu pour inverser le réchauffement de la planète ».

En Amérique les écologistes mènent un combat difficile depuis le début : ils doivent affronter le défi d'éduquer les citoyens sur un sujet aussi abstrait et déconcertant, ainsi qu'une énorme résistance de la part de l'industrie des énergies fossiles et, après une brève période de coopération bipartite, celle presque unanime d'un des deux grands partis politiques. S'ils ont passé des dizaines d'années à tenter de persuader l'opinion publique qu'extraire le carbone de la Terre puis le brûler provoque un dérèglement climatique, et que les gens s'obstinent à élire un président qui considère le réchauffement planétaire comme « une invention des Chinois », comment peuvent-ils espérer lancer un débat sur un sujet non seulement difficile à comprendre et à croire, mais qui remet aussi en question des aspects fondamentaux de nos identités personnelles, familiales et culturelles ? Certaines organisations et figures publiques craignent de perdre l'élan de soutien qu'elles ont eu tant de mal à créer. Certaines ont peur d'être accusées d'hypocrisie. Certaines redoutent que, en détournant l'attention des énergies fossiles, on sape des décennies de lutte contre l'omnipotence des supermajors (« Big Oil »).

En matière de militantisme, la ligne politique et la psychologie sont d'une importance cruciale. Chaque argument devient à terme une histoire, et certaines histoires marchent mieux que d'autres. Parfois, il vaut mieux provisoirement dissimuler les enjeux d'une réalité pour amener les gens à l'affronter par la suite. Mais quelle est la valeur d'une réalité dérangeante qui fait l'impasse sur un des plus grands facteurs aggravants de notre crise planétaire, dont il s'avère qu'il serait un des plus faciles auxquels remédier ? Et si le combat le plus important que nous ayons à mener – une guerre pour sauver notre mode de vie, et pour la vie elle-même – dépendait d'une action collective qui, étant donné l'échelle du conflit, ne demanderait pas plus d'efforts que d'éteindre les lumières la nuit ? Ne devrions-nous pas au moins en parler ? Même pour les croyants, prier pour que les gens trouvent la force de changer n'est-il pas insuffisant tant que la nature des changements en question n'a pas été révélée ?

Notre façon de nous attaquer à la crise planétaire ne fonctionne pas. Al Gore a mérité son prix Nobel, mais les changements qu'il a suscités sont loin d'être suffisants – ce que d'ailleurs il reconnaît sans hésiter dans *Une suite qui dérange.* De même, les institutions chargées de la protection de l'environnement méritent d'être soutenues, mais ce qu'elles accomplissent demeure tout aussi largement insuffisant. Toute personne informée des données scientifiques et qui accepte d'affronter la plus dérangeante des réalités reconnaîtra sans peine que nous n'en faisons pas assez, que nous agissons beaucoup trop lentement et que notre comportement actuel conduit droit à notre destruction.

Selon une estimation, l'utilisation de l'électricité est responsable de 25 % des émissions de gaz à effet de serre. L'agriculture – en particulier l'élevage – est responsable de 24 %, les transports de 14 %. L'industrie du bâtiment de 6 %. Des sources variées se répartissent la responsabilité du reste. Toutes ces émissions doivent retomber à zéro, ce qui va exiger innovation et coopération – une prouesse qui se révélera impossible à réaliser si nous ne commençons pas à parler dès à présent de la responsabilité de chacun de ces secteurs.

L'objectif de l'Accord de Paris de maintenir le réchauffement climatique sous la barre des 2 °C, considéré comme ambitieux, se situe à la marge du cataclysme. Même si nous sommes par miracle capables de l'atteindre – les statistiques récentes en situent la probabilité à environ 5 % –, nous nous retrouverons dans un monde infiniment moins hospitalier que celui que nous connaissons, et beaucoup des changements déjà déclenchés seront au mieux irréversibles et, au pire, susceptibles de s'aggraver tout seuls. Si nous défions les obstacles lourdement accumulés et que nous limitons le réchauffement planétaire à 2 degrés :

- Le niveau de la mer s'élèvera de cinquante centimètres, inondant les côtes du monde entier. Dhaka (dix-huit millions d'habitants), Karachi (quinze millions), New York (huit millions et demi), ainsi que des dizaines d'autres métropoles deviendront *de facto* inhabitables. On prévoit cent quarante-trois millions de migrants climatiques.
- Les conflits armés augmenteront d'environ 40 % à cause du dérèglement climatique.
- Le Groenland fondra de manière irréversible.
- 20 à 40 % de la forêt amazonienne seront détruits.
- La vague de chaleur de 2003 en Europe – qui a fait plus de 70 000 morts, coûté 13 milliards d'euros en pertes de récoltes et entraîné une baisse record du niveau des eaux du Pô, du Rhin et de la Loire – deviendra la norme de température chaque année.

- La mortalité humaine augmentera de façon spectaculaire à cause des vagues de chaleur, des inondations et des épisodes de sécheresse. On assistera à une prolifération galopante de l'asthme et autres maladies respiratoires. Le nombre de personnes risquant d'être atteintes de malaria sera multiplié par plusieurs centaines de millions.
- Quatre cents millions d'individus souffriront du manque d'eau.
- La chaleur accrue des océans causera des dommages irréparables à 99 % des récifs coralliens, mettant à mal les écosystèmes de neuf millions d'espèces.
- La moitié de toutes les espèces animales seront menacées d'extinction.
- 60 % de toutes les espèces botaniques seront menacées d'extinction.
- Les récoltes de blé seront réduites de 12 %, celle du riz de 6,4 %, du maïs de 17,8 %, et du soja de 6,2 %.
- Le revenu général par habitant de la planète chutera d'environ 13 %.

Ce sont là des statistiques profondément troublantes, mais dont l'écho émotionnel a peu de chances de se prolonger après la fin de cette phrase. C'est dire que l'avenir monstrueux qu'elles décrivent sera reconnu par la plupart des lecteurs de cet ouvrage et cru par peu d'entre eux. Je partage ces chiffres dans l'espoir que vous les croirez. Mais moi, je ne les crois pas.

Atteindre les objectifs de l'Accord de Paris et vivre dans le monde décrit ci-dessus se présente comme le scénario dans le « meilleur des cas ». Les rares experts qui pensent que nous avons une chance réaliste d'atteindre ces objectifs s'illusionnent eux-mêmes ou, plus probablement, utilisent l'optimisme comme une arme dans l'espoir de modifier le scénario. En vérité, même si nous devions éteindre toutes les lumières et interdire toutes les automobiles, sans mettre en place ce changement dont des hommes comme Gore n'ignorent pas la nécessité mais dont ils ne parlent pas, nous n'avons *aucune chance*.

Quand j'étais enfant, mon père m'a expliqué que la meilleure façon de se débarrasser d'une abeille n'était pas de s'enfuir devant elle, de l'écraser, ou même de rester immobile, mais de fermer les yeux et de compter jusqu'à dix. « Ça marche à chaque fois, disait-il. Et sinon, compte jusqu'à vingt. » Ça marchait, mais les conseils qui marchent ne sont pas toujours les meilleurs.

Il y avait un certain nombre de sujets dont ma famille ne parlait pas quand j'étais petit, l'écho des traumas de la Shoah en particulier. Qui pourrait nous accuser de fermer les yeux jusqu'à ce que cette menace semble éradiquée ? Je suis père à mon tour aujourd'hui, et moi aussi, j'évite certains sujets. Je ne me reproche pas de vouloir protéger mes enfants (et moi-même) de la douleur. Ces décisions d'aveuglement volontaire sont des actes d'amour. Mais il me faudra m'accuser moi-même si fermer les yeux permet à une douleur encore plus grande de s'installer, de la même manière que j'encourrai mes propres reproches si un jour on me trouve une maladie qu'on aurait pu soigner si j'étais allé consulter un médecin avant que les symptômes n'apparaissent. J'aime penser que ma propre santé m'importe, mais je n'ai pas fait de check-up depuis des années. Comme tout un chacun, je me vois d'une certaine façon, comme si cet imaginaire rendait les choses réelles. Dans l'intervalle, pendant que je pense – pendant que vous pensez, pendant que nous pensons –, nos actions et nos inactions créent et détruisent le monde.

*

Imaginez cette scène : plus de cent cinquante mille soldats partent à l'assaut des plages de Normandie. C'est l'opération amphibie la plus importante jamais réalisée. À l'époque même, ce débarquement est considéré comme un moment historique sans précédent. L'opération a lieu le 6 juin 1944, parce que la pleine lune est nécessaire à la marée et à l'éclairage des lieux. La préparation de ce débarquement par les Alliés a entraîné la fabrication de plus de dix-sept millions de cartes, la formation de quatre mille nouveaux cuisiniers pour nourrir cette armada, la construction d'une réplique des défenses côtières nazies à des fins d'entraînement, et la fabrication de centaines de mannequins – certains chaussés de bottes et coiffés d'un casque, parfois équipés d'enregistrements de bruits de tirs et d'explosions – destinés à être lancés en différents endroits afin de détourner l'attention des Allemands. Les soldats qui s'avancent jusqu'à la plage en pataugeant viennent d'une douzaine de pays. Ils ne sont pas censés avoir moins de dix-huit ni plus de quarante et un ans, même si des hommes plus jeunes et plus vieux se sont engagés en utilisant de faux papiers. Les barges s'approchent et lâchent environ deux cents hommes à la fois dans la tourmente de la guerre.

Le père d'un enfant appuie sur la détente de son fusil, entend la détonation du projectile. Il ne sait pas qu'il vient de tirer une balle à blanc.

Un soldat juif de Pittsburgh tire dix balles à blanc par seconde avec une mitrailleuse M1919.

La main d'un professeur de piano tremble trop violemment pour tirer la première balle avec un pistolet chargé à blanc.

Un champion admiré jette une grenade aussi mortelle qu'une balle de base-ball.

La baïonnette d'un fils de parents anonymes se termine par un moignon épointé.

À cause du chaos qui règne sur le champ de bataille, et parce que chaque soldat est complètement pris par cette expérience, et que chacun a l'impression de se battre, aucun ne se rend compte qu'il s'agit seulement d'une impression – que son efficacité en tant que soldat est la même que celle des sacs que l'on parachute depuis le ciel.

*

Ferme les yeux et compte jusqu'à dix.

Un conseil qui semble marcher mais qui ne marche pas à chaque fois.

La dernière fois que j'ai fermé les yeux pour me débarrasser d'une abeille, elle m'a piqué sur la paupière. Mon œil a enflé et ne voulait plus s'ouvrir. Comme si le père de cette abeille lui avait dit que la meilleure façon de se débarrasser d'un humain était de se poser sur ses yeux fermés.

La responsabilité nous appartient

Le général Eisenhower avait préparé un discours au cas où le débarquement du jour J aurait échoué :

> Nos opérations dans la région de Cherbourg et du Havre n'ont pas réussi à prendre pied de manière satisfaisante et j'ai retiré les troupes. Ma décision d'attaquer à ce moment et à cet endroit précis se fondait sur les meilleures informations disponibles. L'armée de terre, de l'air et la marine ont fait tout ce que le courage et le dévouement au devoir peuvent inspirer. S'il y a une responsabilité ou une faute quelconque attachée à cette tentative, c'est la mienne et la mienne seule.

À propos de l'événement historique qu'a représenté son premier pas sur la Lune, Neil Armstrong a déclaré :

> Quand des centaines de milliers d'individus exécutent leur travail un peu mieux encore qu'ils ne doivent le faire, on obtient une amélioration des performances. Et c'est la seule raison pour laquelle nous avons pu obtenir un tel succès dans toute cette entreprise.

Montre tes mains

Ceci est un livre sur l'impact de l'élevage sur l'environnement. Pourtant, j'ai réussi à le cacher pendant toutes les pages précédentes. Je me suis éloigné du sujet pour les mêmes raisons que Gore et d'autres l'ont fait : la peur d'avoir en main les mauvaises cartes. J'ai contourné la question même quand j'étais en train de critiquer Gore pour son omission : je n'ai jamais dit ce qu'il ne disait pas. J'étais certain, tout comme Gore devait l'être, que c'était la bonne stratégie. Les conversations sur la viande, les produits laitiers et les œufs mettent les gens sur la défensive. Elles agacent. Personne, mis à part les végans, n'a envie d'en parler, et la passion même qu'y mettent les végans peut constituer un obstacle supplémentaire. Mais nous n'avons aucun espoir de nous attaquer au problème du dérèglement climatique si nous ne pouvons pas parler honnêtement de ce qui le cause, ainsi que de notre capacité, aussi limitée soit-elle, à changer, en réaction. Parfois il faut écrire le mot « K-O » sur un gant, alors je vais appeler un chat un chat : nous ne pouvons pas sauver la planète si nous ne réduisons pas de manière significative notre consommation de produits d'origine animale.

Ce livre est un plaidoyer pour nous engager collectivement à manger différemment – en particulier, aucun produit d'origine animale avant le dîner. C'est une position difficile à défendre parce que le sujet est épineux et qu'il résonne par avance des sacrifices qu'il entraînera. La plupart des gens aiment l'odeur et le goût de la viande, des produits laitiers et des œufs. La plupart des gens attachent de l'importance au rôle que les produits d'origine animale jouent dans leur vie et ne sont pas prêts à adopter de nouveaux comportements alimentaires. La plupart des gens ont passé leur vie entière à manger des produits d'origine animale pratiquement à chaque repas, et il est toujours difficile de changer les habitudes de toute une existence, même quand elles ne sont ni associées au plaisir ni génératrices d'identité. Il s'agit de défis significatifs qui non seulement valent la peine d'être reconnus, mais qu'il est également impératif de reconnaître. Modifier la façon dont nous nous alimentons est certainement plus simple que de transformer le réseau électrique du monde entier, ou que de vaincre l'influence des lobbyistes puissants pour faire passer des lois sur la taxation du carbone, ou que de ratifier un traité international important sur les gaz à effet de serre – mais au fond, ce n'est pas simple.

À peine passé la trentaine, je me suis consacré pendant trois ans à des recherches sur l'élevage industriel et j'ai écrit un livre pour le condamner : *Faut-il manger les animaux ?* Ensuite, durant près de deux ans, j'ai fait des lectures publiques, donné des conférences et des interviews sur le sujet, défendant l'idée que la viande produite par l'élevage industriel ne devrait pas être consommée. Par conséquent, il me serait beaucoup plus facile aujourd'hui de ne pas confier que, pendant des moments durs au cours des deux dernières années – tandis que je traversais dans ma vie personnelle des passes difficiles et que je sillonnais le pays pour vendre un roman alors que j'étais tout sauf dans l'état d'esprit qu'il fallait pour assurer ma promotion –, j'ai mangé de la viande un certain nombre de fois. En général des hamburgers. Souvent dans des aéroports. En d'autres termes, de la viande produite précisément dans le genre d'exploitations contre lesquelles je me suis élevé le plus énergiquement. Et la raison pour laquelle je l'ai fait rend mon hypocrisie encore plus pitoyable : j'y trouvais du réconfort. J'imagine par avance que cette confession provoquera des commentaires ironiques et fera lever des yeux au ciel, et qu'on m'accusera sérieusement de malhonnêteté intellectuelle. D'autres lecteurs jugeront sans doute cela sincèrement dérangeant – j'ai longuement écrit, et non sans passion, sur la façon dont l'élevage industriel torture les animaux et détruit l'environnement. Comment ai-je osé défendre un changement radical, comment ai-je pu faire de mes enfants des végétariens, alors que je mangeais de la viande pour y trouver du réconfort ?

J'aurais aimé puiser ce réconfort autre part – dans quelque chose de plus durable et qui n'aurait pas été un blasphème contre mes convictions –, mais je suis ce que je suis, j'ai fait ce que j'ai fait. Même lorsque je travaillais à ce livre et que je voyais mon credo végétarien – une position dictée par la question du bien-être animal – renforcé par la pleine conscience du prix à payer pour l'environnement, il s'est rarement passé un jour sans que j'aie envie de manger de la viande. Je me suis parfois demandé si mon rejet intellectuel de plus en plus fort n'avait pas occasionné un désir accru d'en consommer. À d'autres moments, il m'a simplement fallu accepter le fait que, si les actions peuvent constituer dans une certaine mesure des réponses aux injonctions de la volonté, ce n'est pas le cas des désirs.

Quelle qu'en soit la cause, j'ai éprouvé un sentiment qui ressemblait au divorce opéré par Felix Frankfurter entre savoir et croire, et cela a entraîné une véritable lutte intérieure, et parfois des comportements d'une hypocrisie extrême. Il m'est presque insupportable de devoir l'avouer aujourd'hui. Je me sens pourtant obligé de le faire.

Tandis que j'assurais la promotion de *Faut-il manger les animaux ?,* on m'a souvent demandé pourquoi je n'étais pas végan. L'argument du bien-être des animaux et les arguments écologistes contre les produits laitiers et les œufs sont identiques à ceux qu'on oppose à la viande, ils sont même parfois plus forts. Quelquefois, je me cachais derrière la complexité de faire la cuisine pour mes deux enfants difficiles. D'autres fois, je déformais la vérité et me décrivais comme « effectivement végan ». En fait, je n'avais pas de réponse, aucune autre en tout cas que celle qui me paraissait trop honteuse à avouer : mon désir de manger du fromage et des œufs était plus fort que mon engagement à proscrire la cruauté envers les animaux et à mettre fin à la destruction de l'environnement. Je trouvais un certain soulagement à cette tension quand je conseillais aux gens de faire ce que je ne parvenais pas à accomplir moi-même.

Faire face à mon hypocrisie m'a rappelé combien il est difficile de vivre – et même d'essayer de vivre – les yeux grands ouverts. Savoir que cela sera difficile contribue à rendre les efforts possibles. *Les efforts*, et non pas l'effort. Je n'arrive pas à envisager un avenir dans lequel je déciderais de manger à nouveau de la viande, mais je ne peux pas en imaginer un dans lequel je n'aurais pas envie d'en manger. Consommer en conscience sera l'un des combats qui définiront et construiront ma vie. J'envisage ce combat non pas comme l'expression de mes doutes au sujet de la bonne façon de manger, mais comme une conséquence des complexités de l'alimentation.

Il ne s'agit pas seulement de nous remplir le ventre, ni simplement de modifier notre appétit en fonction de nos principes. Nous mangeons pour satisfaire des désirs primitifs, pour nous forger une identité et l'exprimer, pour faire partie d'une communauté. Nous mangeons avec notre bouche et notre estomac, mais aussi avec notre cerveau et notre cœur. Les différentes facettes de mon identité – père, fils, Américain, New-Yorkais, homme de gauche, Juif, écrivain, écologiste, voyageur, hédoniste – sont présentes quand je mange, et toute mon histoire l'est aussi. Quand j'ai fait le choix de devenir végétarien, alors que j'avais neuf ans, ma motivation était simple : ne pas faire de mal aux animaux. Au cours des années, cela a évolué – parce que les informations disponibles avaient changé, mais surtout parce que mon identité avait changé. Comme j'imagine que c'est le cas pour la plupart des gens, avec l'âge, ces différentes facettes se sont démultipliées. Le temps a atténué les manichéismes éthiques et contribué à une meilleure appréciation de ce qu'on pourrait appeler « les désordres de la vie ».

Si j'avais lu les phrases qui précèdent quand j'étais au lycée, je les aurais rejetées comme un sac de fadaises complaisantes sur le point d'éclater – les désordres de la vie ? – et j'aurais été franchement déçu par la personne si peu déterminée que j'allais devenir. Je suis heureux d'avoir été celui que j'étais alors et j'espère que d'autres jeunes gens feront preuve du même idéalisme inflexible. Je me réjouis aussi d'être celui que je suis aujourd'hui, non pas parce que c'est plus facile mais parce que c'est plus en lien avec mon monde, un monde différent de celui dans lequel je me trouvais il y a vingt-cinq ans.

Il existe un lieu où l'intérêt personnel et le fait d'être un parmi sept milliards d'individus sur Terre se rencontrent. Et peut-être pour la première fois de l'histoire, l'expression « vivre avec son temps » commence-t-elle à perdre son sens. Le dérèglement climatique n'est pas un puzzle que l'on pose sur une table basse, vers lequel on peut revenir quand les contraintes horaires nous le permettent et que l'envie nous en prend. Le dérèglement climatique, c'est comme une maison en flammes. Plus nous attendons pour nous en préoccuper, plus il devient difficile de régler le problème, et à cause des boucles de rétroaction positive – par exemple, la glace blanche qui fond et devient une eau noire, absorbant de plus en plus de chaleur ; le permafrost qui, en dégelant, libère d'immenses quantités de méthane, un des gaz les plus largement responsables de l'effet de serre –, nous allons très bientôt atteindre un point de non-retour – « l'emballement climatique » – où nous ne pourrons plus nous sauver nous-mêmes quels que soient nos efforts.

Nous n'avons pas le loisir de vivre avec notre temps. Nous ne pouvons mener nos vies comme si elles n'appartenaient qu'à nous seuls. Alors que ce n'était pas vrai pour nos ancêtres, les vies que nous vivons aujourd'hui – de notre temps – vont créer un avenir qui ne pourra pas être défait. Imaginez quelle serait l'histoire si Lincoln n'avait pas aboli l'esclavage en 1863 : alors l'Amérique serait condamnée à soutenir l'institution de l'esclavage pour les siècles des siècles. Imaginez que le droit de deux personnes du même sexe à se marier ait entièrement et à jamais dépendu du soutien d'Obama en 2012. Quand il parlait de progrès moral, Obama répétait souvent les paroles de Martin Luther King :

« La trajectoire de l'univers moral est longue, mais elle tend vers la justice. » Aujourd'hui, en ce moment sans précédent, cette même trajectoire pourrait s'interrompre irréparablement.

Il y a plusieurs moments-clés dans la Bible où Dieu demande à un homme où il est. Les deux exemples les plus souvent cités sont celui où Il trouve Adam qui s'est caché après avoir mangé le fruit défendu et qu'Il demande : « Où es-tu ? », et celui où il appelle Abraham avant de lui ordonner de sacrifier son fils unique. Assurément, un Dieu omniscient sait où sont ses créatures. Ses questions ne portent pas vraiment sur le lieu où se trouve leur personne physique dans l'espace, mais sur celui où se cache leur être profond.

Nous avons notre version moderne de cela : quand nous repensons à ces moments où l'histoire semblait se dérouler sous nos yeux – Pearl Harbor, l'assassinat de John F. Kennedy, la chute du mur de Berlin, le 11-Septembre –, nous avons le réflexe de demander aux autres où ils se trouvaient quand cela s'est produit. Pourtant, comme Dieu dans la Bible, notre but n'est pas vraiment d'établir la localisation de la personne qui nous parle. Nous posons une question plus grave sur ses liens avec l'événement, dans l'espoir de déterminer quels sont les nôtres.

Le mot « crise » dérive du grec « *krisis* » qui signifie « décision ».

La crise environnementale, bien qu'il s'agisse d'une expérience universelle, ne donne pas l'impression d'être un événement dont nous serions partie prenante. Elle ne donne même pas du tout l'impression d'être un événement. Malgré le traumatisme que constituent un ouragan, un incendie, une famine, l'extinction d'une espèce, il est peu probable qu'un événement météorologique pousse un jour à demander « Où étais-tu quand… » à une personne qui ne l'a pas vécu – peut-être même à quelqu'un qui serait effectivement en train de le vivre. Tout cela, ce n'est que de la météo. Rien qu'une question d'environnement.

Mais les générations futures regarderont certainement en arrière et se demanderont où nous étions, au sens biblique de la question. Où était notre être profond ? Quelles décisions la crise nous a-t-elle inspirées ? Pourquoi diable avons-nous choisi de nous suicider et de les sacrifier ?

Nous pourrions peut-être plaider notre cause en affirmant que cette décision ne nous appartenait pas, même si la situation nous importait grandement, nous ne pouvions rien y faire. Nous n'en savions pas assez à l'époque. Parce que nous n'étions que de simples individus, nous n'avions pas les moyens de mettre en place un changement conséquent. Ce n'est pas nous qui dirigions les compagnies pétrolières. Ce n'est pas nous qui déterminions la politique des gouvernements. Nous pourrions peut-être argumenter, comme Roy Scranton dans son article du *New York Times* « Élever mon enfant dans un monde condamné », que nous « n'étions pas plus libres de choisir comment nous vivions que nous n'étions libres d'enfreindre les lois de la physique ». La possibilité de nous sauver, et de les sauver, ne nous appartenait pas.

Mais ce serait un mensonge.

*

Même si l'information n'est pas suffisante – sans croire, savoir, c'est *seulement savoir* –, elle est nécessaire pour parvenir à une solution. La connaissance des atrocités nazies n'a pas secoué la conscience de Felix Frankfurter, mais sans cette connaissance, il n'aurait eu aucune raison de se voir demander, ou de se demander lui-même, « Où es-tu ? » Savoir fait la différence entre une erreur grave et un crime impardonnable.

Pour ce qui est du dérèglement climatique, nous avons fait confiance à des informations dangereusement inexactes. Notre attention s'est fixée sur les énergies fossiles, ce qui nous a donné une image incomplète de la crise planétaire et nous a conduits à penser que nous étions en train de jeter des pierres au visage d'un Goliath hors d'atteinte. Même s'ils ne sont pas suffisamment convaincants à eux seuls pour changer notre conduite, les faits peuvent changer notre état d'esprit, et c'est par là qu'il faut commencer. Nous savons qu'il faut faire quelque chose mais cette déclaration est le plus souvent l'expression d'un sentiment d'incapacité, ou, pour le moins, d'incertitude. Si nous n'identifions pas le « quelque chose » en question, nous ne pouvons pas nous décider à le faire.

La partie suivante de cet ouvrage tentera de combler cette lacune en expliquant le rapport entre l'élevage et le dérèglement climatique. J'ai condensé ce qui aurait pu aboutir à plusieurs centaines de pages de prose pour souligner les faits les plus essentiels. Et je n'ai pas non plus inclus d'importants rapports complémentaires – les autres formes de destruction de l'environnement que produit l'élevage, comme la pollution des eaux, les zones mortes des océans et la perte de biodiversité ; la cruauté qui fait partie intégrante de l'élevage actuel ; les conséquences qu'a sur la santé et la société le fait de manger plus de viande, de produits laitiers et d'œufs que jamais auparavant. Ce livre ne prétend pas être une explication exhaustive du dérèglement climatique, ni un réquisitoire en règle contre la consommation des produits d'origine animale. C'est une réflexion sur une décision que notre crise planétaire exige que nous prenions.

Le mot « décision » dérive du latin « *decidere* », qui signifie « couper, trancher ». Quand nous décidons d'éteindre les lumières pendant une guerre, refusons de nous asseoir au fond d'un bus, nous enfuyons de notre *shtetl* avec les chaussures de notre sœur, soulevons une voiture pour libérer une personne coincée dessous, cédons le passage à une ambulance, roulons toute la nuit pour rentrer de Detroit, nous levons pour une ola, prenons un selfie, participons à une expérimentation médicale, participons à un repas de Thanksgiving, plantons un arbre, faisons la queue pour voter, prenons un repas qui reflète nos valeurs, nous décidons aussi de nous couper des mondes possibles où nous ne ferions pas ces choses. Chaque décision entraîne une perte, non seulement de ce que nous aurions pu faire dans le cas contraire, mais du monde auquel notre action alternative aurait contribué. Souvent, cette perte est trop insignifiante pour être remarquée ; parfois elle paraît trop lourde à supporter. D'ordinaire, nous ne pensons pas à nos décisions en ces termes. Nous vivons dans une culture, historiquement sans précédent, d'accumulation de biens matériels, qu'elle nous demande et nous permet d'acquérir. Nous sommes poussés à nous définir par ce que nous possédons : propriété, dollars, opinions et tout le reste. Mais ce qui nous révèle, c'est ce à quoi nous renonçons.

Le dérèglement climatique est la plus grande crise à laquelle l'humanité ait jamais eu à faire face, et c'est une crise qui devra toujours être simultanément abordée ensemble et affrontée de façon individuelle. Il est impossible de garder les repas tels que nous les avons connus et de conserver en même temps la planète telle que nous l'avons connue. Il nous faut soit renoncer à certaines habitudes, soit renoncer à notre planète. C'est aussi simple et complexe que ça.

Où étiez-vous quand vous avez pris votre décision ?

II

COMMENT PRÉVENIR L'EXTINCTION

Des degrés qui font la différence

- Il y a entre cent mille et dix mille ans, mastodontes, mammouths, *Canis dirus* (ancêtres du loup), tigres à dents de sabre et castors géants peuplaient un monde de glace. La température moyenne était de 4 à 7 °C plus basse qu'aujourd'hui.
- Il y a cinquante millions d'années, l'Arctique était couvert de forêts tropicales. Crocodiles, tortues et alligators vivaient dans les forêts polaires de ce qui est aujourd'hui le Canada et le Groenland. Des pingouins de cent kilos pataugeaient en Australie, et des palmiers poussaient en Alaska. Il n'existait pas de calottes glaciaires. Les mers de l'Antarctique étaient suffisamment tièdes pour s'y baigner agréablement, et autour de l'équateur, les océans avaient la température d'un bain très chaud. La température de la Terre était de 5 à 8 °C plus élevée qu'aujourd'hui.
- Tout comme pour la température du corps, quelques degrés suffisent à marquer la différence entre la bonne santé et la crise.

La première crise

- Cinq extinctions massives ont eu lieu. À part celle qui a vu la fin des dinosaures, elles ont toutes été causées par le dérèglement climatique.
- L'extinction de masse la plus mortelle s'est produite il y a 250 millions d'années quand les éruptions volcaniques ont relâché suffisamment de dioxyde de carbone (CO_2) pour réchauffer les océans d'à peu près 10 °C, mettant fin à 96 % de la vie marine et à 70 % de la vie sur Terre. Cet événement est connu sous le nom de l'extinction du Permien (« *the Great Dying* », en anglais).
- De nombreux scientifiques appellent l'ère géologique qui va de la révolution industrielle à l'époque présente l'Anthropocène, c'est celle où l'activité humaine a constitué l'influence dominante sur la Terre.
- Nous faisons aujourd'hui l'expérience de la sixième extinction de masse, souvent désignée comme l'extinction de l'Anthropocène.
- Si l'on prend en compte les mécanismes naturels qui influencent le climat, l'activité humaine est responsable à 100 % du réchauffement de la planète qui s'est produit depuis le début de la révolution industrielle, en 1750 environ.

- Le dérèglement climatique actuel est le premier à être causé par un événement d'origine animale et non pas naturel.
- La sixième extinction de masse est la première crise climatique.

Début de l'élevage

- Si l'histoire de l'humanité était rapportée à une journée, nous étions des chasseurs-cueilleurs jusqu'à minuit moins dix.
- Les humains représentent 0,01 % de la vie sur la Terre.
- Depuis l'apparition de l'agriculture, il y a environ douze mille ans, les humains ont détruit 83 % des mammifères sauvages et la moitié des plantes.

Notre planète est une ferme

- À l'échelle de la planète, les humains utilisent 59 % de toute la terre fertile pour nourrir le bétail.
- Un tiers de toute l'eau douce que les humains utilisent est destiné au bétail, alors qu'un trentième environ seulement est utilisé dans les habitations.
- 70 % des antibiotiques produits dans le monde sont utilisés pour le bétail, affaiblissant ainsi l'efficacité des antibiotiques pour traiter les maladies humaines.
- 60 % de tous les mammifères de la Terre sont des animaux qu'on élève pour l'alimentation.
- On compte approximativement trente animaux de ferme par être humain sur la planète.

L'accroissement de la population est extrême

- Avant la révolution industrielle, l'espérance de vie en Europe était d'environ trente-cinq ans. Elle est aujourd'hui de quatre-vingts ans.
- Il a fallu deux cent mille ans pour que la population humaine atteigne le premier milliard, mais seulement deux cents ans de plus pour en atteindre sept.
- Chaque jour, naissent trois cent soixante mille bébés – la population de Florence, environ.

Notre pratique de l'élevage est extrême

- En 1820 aux États-Unis, 72 % de la main-d'œuvre étaient directement employés par l'agriculture. Aujourd'hui ce chiffre est tombé à 1,5 %.
- Tout comme la console de jeux vidéo, la ferme industrielle est une invention des années 1960. Avant cela, les animaux d'élevage passaient leur vie à l'extérieur, avec une densité supportable.
- Entre 1950 et 1970, le nombre de fermes américaines a baissé de moitié, le nombre d'agriculteurs employés dans l'élevage a baissé de moitié, et la taille d'une exploitation moyenne a doublé. Durant cette période, la taille moyenne d'un poulet a aussi doublé.
- En 1966, des lentilles de contact déformantes ont été inventées pour que les poulets aient davantage de mal à mesurer l'artificialité croissante de leur environnement, multipliant ainsi le stress à l'origine des comportements violents (coups de bec) et du cannibalisme. Ces lentilles ont été jugées difficiles d'emploi par les agriculteurs, si bien que le débecquage électrique – qui brûle au passage une partie de la tête des volatiles – est devenu la norme industrielle.

- En 2018, plus de 99 % des animaux consommés en Amérique avaient été élevés dans des fermes industrielles.

Notre alimentation est extrême

- La consommation de viande et de produits laitiers aujourd'hui est l'équivalent de la consommation par individu vivant sur la planète en 1700 de quatre cent soixante-quinze kilos de viande et de quatre mille cinq cents litres de lait par jour.
- Quel que soit le moment considéré, on dénombre vingt-trois milliards de poulets vivant sur Terre. Leur masse globale est plus importante que celle de tous les autres oiseaux de la planète rassemblés. Les humains consomment soixante-cinq milliards de poulets par an.
- En moyenne, les Américains consomment deux fois plus de protéines que l'apport recommandé.
- Les gens qui suivent des régimes alimentaires riches en protéines animales ont quatre fois plus de chances de mourir du cancer que ceux qui observent des régimes à faible teneur en protéines.
- Les fumeurs sont trois fois plus susceptibles de mourir du cancer que les non-fumeurs.
- Aux États-Unis, un repas sur cinq est pris dans une voiture.

Notre changement de climat est extrême

- Nous vivons actuellement dans la glaciation du quaternaire, une période où l'on observe des couches de glace continentales et polaires. Couramment désignée comme un âge de glace.
- Selon les cycles de dérèglement climatique, la Terre devrait connaître actuellement une période de léger rafraîchissement.
- Neuf des dix records de chaleur jamais enregistrés l'ont été depuis l'apparition de la première vidéo, *Moi au zoo*, sur YouTube, en 2005.
- Durant l'extinction du Permien, une chaîne de volcans sibériens a produit suffisamment de lave pour recouvrir les États-Unis d'une couche d'une épaisseur équivalente à la hauteur de trois tours Eiffel.
- Les humains relâchent aujourd'hui dans l'atmosphère des gaz à effet de serre dix fois plus vite que les volcans ne l'avaient fait durant l'extinction du Permien.

Pourquoi les gaz à effet de serre sont importants

- La lumière du soleil traverse l'atmosphère et réchauffe la Terre. Une partie de cette chaleur rebondit dans l'espace. Les gaz à effet de serre dans l'atmosphère retiennent prisonnière une part de la chaleur qui s'échappe, tout comme une couverture garde celle du corps.
- La vie sur Terre dépend de l'effet de serre. Sans lui, la température moyenne de la planète ne dépasserait pas les −18 °C au lieu d'être de 15 °C.
- Le CO_2 est responsable de 82 % des gaz à effet de serre émis par l'activité humaine. La plus grande partie est produite par l'industrie, les transports et l'usage de l'électricité.
- Durant les huit cent mille ans qui ont précédé la révolution industrielle, les concentrations de gaz à effet de serre dans l'atmosphère sont restées stables. Depuis 1850, la concentration en CO_2 dans l'atmosphère a augmenté d'environ 40 %.
- Le méthane et le protoxyde d'azote sont le deuxième et le troisième gaz à effet de serre les plus présents dans l'atmosphère. L'élevage est responsable de 37 % des émissions anthropogènes de méthane et de 65 % de celles de protoxyde d'azote.

- Entre 1960 et 1999, les concentrations de protoxyde d'azote ont augmenté deux fois plus vite qu'elles ne l'avaient fait durant toute autre période de quarante ans au cours des deux mille dernières années.
- Entre la naissance de l'élevage industriel dans les années 1960 et 1999, les concentrations en méthane ont augmenté six fois plus vite qu'elles ne l'avaient fait durant toute autre période de quarante ans au cours des deux mille dernières années.

Le dérèglement climatique est une bombe à retardement

- De nombreux climatologues ont donné différentes dates butoir pour arrêter les émissions toxiques. Pareilles déclarations prennent d'ordinaire la forme de : « Nous avons X années pour résoudre le problème du dérèglement climatique. »
- Le dérèglement climatique n'est pas une maladie qu'on peut traiter, comme le diabète ; c'est un événement comparable à une tumeur cancéreuse qui a besoin d'être retirée avant que les cellules ne se multiplient de façon fatale. La planète ne peut supporter qu'un certain degré de réchauffement avant que les rétroactions positives ne créent « un emballement climatique ».
- Une des plus puissantes rétroactions positives est connue sous le nom d'« effet albédo ». Les couches de glace réfléchissent la lumière du soleil et la renvoie dans l'atmosphère. La masse sombre des océans absorbe la lumière du soleil. À mesure que la planète se réchauffe, il y a de moins en moins de glace pour réfléchir la lumière du soleil, et de plus en plus de surface sombre des océans et des continents pour l'absorber. Les océans se réchauffent, ce qui accélère la fonte des glaces.

- L’ancienne secrétaire exécutive de la Convention-cadre des Nations unies sur les changements climatiques, Christiana Figueres, a déclaré que nous avons jusqu’à 2020 pour éviter les seuils de température qui conduiraient à un emballement climatique irréversible.

Parce que le dérèglement climatique est une bombe à retardement tous les gaz à effet de serre n'ont pas la même importance

- Le méthane a 34 fois le potentiel de réchauffement global (PRG) – c'est-à-dire la capacité de retenir la chaleur prisonnière – que le CO_2 n'en possède en un siècle. En vingt ans, le méthane est 86 fois plus puissant. Si le CO_2 avait l'épaisseur d'une couverture ordinaire, imaginez le méthane comme une couverture plus épaisse qu'un joueur de basket de la taille de LeBron James (2,03 mètres).
- Le protoxyde d'azote a 310 fois le PRG du CO_2. Imaginez une couverture si épaisse que vous pourriez vous suicider en sautant de sa hauteur.
- Quand les émissions de la planète sont calculées, les gaz à effet de serre sont convertis en équivalents dioxyde de carbone (eq CO_2). Les calculs se fondent généralement sur une période de cent ans. Cela signifie qu'une tonne de méthane devrait être considérée comme 34 tonnes de CO_2 dans une évaluation globale des gaz à effet de serre.
- Nous pouvons penser à notre atmosphère comme à un budget et à nos émissions de gaz comme à des dépenses : parce que le méthane et le protoxyde d'azote constituent des dépenses à court terme de gaz à effet de serre plus importantes que le CO_2, celles-ci

sont les plus urgentes à réduire. Parce qu'elles sont principalement créées par nos choix alimentaires, elles sont aussi les plus faciles à réduire.

Pourquoi la déforestation est importante

- Les arbres sont des « puits de carbone », ce qui signifie qu'ils absorbent le CO_2.
- Imaginez une baignoire en train de se remplir. Si l'écoulement se ralentit, la baignoire se remplira plus rapidement. Il en va de même pour la capacité de photosynthèse de la Terre : déjà, les humains émettent des gaz à effet de serre (GES) dans l'atmosphère à une vitesse qui excède la capacité de la planète à les réguler, mais la végétation emmagasine actuellement une quantité substantielle de CO_2 – on estime cette capacité à 450 milliards de tonnes, soit la valeur de cinquante ans d'émissions au rythme actuel.
- Plus nous détruisons de forêts, plus notre action est comparable à celle qui consiste à empêcher l'écoulement d'eau dans une baignoire qui se remplit.
- Permettre à une surface significative de terres tropicales utilisées pour l'élevage du bétail d'être régénérée en forêts pourrait potentiellement réduire de moitié la totalité des GES anthropogènes.
- Les arbres sont composés de 50 % de carbone. Comme le charbon, ils libèrent, en brûlant, le CO_2 qu'ils ont emmagasiné.

- Brûler et abattre les forêts produit 30 % des émissions mondiales de gaz à effet de serre par an. Selon le *Scientific American* : « Tous les rapports indiquent que la déforestation des zones tropicales ajoute plus de dioxyde de carbone à l'atmosphère que la somme totale produite par les voitures et les camions sur toutes les routes du monde. »
- Environ 80 % de la déforestation sont effectués dans le but d'alimenter et de faire paître le bétail.
- Chaque année, les incendies de forêt en Californie créent davantage d'émissions de gaz à effet de serre que la politique environnementale progressiste de cet État n'en élimine.
- Brûler des forêts équivaut à ouvrir davantage le robinet alors qu'on a fermé la bonde de la baignoire.

La déforestation n'a pas la même importance partout

- En 2018, Jair Bolsonaro a été élu président du Brésil.
- Bolsonaro a fondé sa campagne sur un plan de développement de vastes fractions de l'Amazonie auparavant protégées (c'est-à-dire sur la déforestation).
- Il a été estimé que la politique de Bolsonaro allait provoquer l'émission de 13,2 gigatonnes de carbone – une pollution deux fois supérieure aux émissions annuelles de tous les États-Unis.
- L'élevage est responsable de 91 % de la déforestation amazonienne.

L'élevage est responsable du dérèglement climatique

- Alors qu'ils digèrent leur nourriture, les bovins, les chèvres et les ovins produisent une quantité significative de méthane, qui pour l'essentiel est évacuée par leurs éructations, mais qui est aussi présente dans leur haleine, leurs flatulences et stockée dans leurs déjections.
- Le bétail est la principale source des émissions de méthane.
- Le protoxyde d'azote est produit par l'urine du bétail, le purin, et les engrais utilisés pour faire pousser le fourrage nécessaire à son alimentation.
- Le bétail contribue aux deux tiers environ des émissions de protoxyde d'azote.
- L'élevage est la cause principale de la déforestation.
- Selon la Convention-cadre des Nations unies sur les changements climatiques, si les vaches étaient un pays, elles occuperaient la troisième place dans les émissions de gaz à effet de serre après la Chine et les États-Unis.

L'élevage est une/la cause primordiale du dérèglement climatique

- L'évaluation de la contribution générale de l'élevage aux émissions de gaz à effet de serre varie considérablement selon ce qui est inclus dans les calculs.
- La FAO (l'Organisation des Nations unies pour l'alimentation et l'agriculture) certifie que le bétail est une des causes essentielles du dérèglement climatique, il émettrait approximativement 7,516 millions de tonnes de CO_2 par an et serait donc responsable de 14 % des émissions mondiales.
- Les calculs de la FAO incluent le CO_2 émis quand les forêts sont abattues pour faire place à des cultures fourragères et à des pâturages, mais ils ne prennent pas en compte le CO_2 que ces forêts ne peuvent désormais plus absorber. (Imaginez une police d'assurance qui couvrirait le coût d'un enterrement mais pas les salaires perdus par la suite.) Parmi les éléments qui ne sont pas inclus dans ce calcul, on trouve le CO_2 exhalé par les animaux d'élevage, même si, d'après un spécialiste de l'environnement, « le bétail (comme les automobiles) est une invention et une commodité humaine, qui n'existait pas dans les temps antérieurs à l'homme, et une molécule de CO_2 exhalée par le bétail n'est pas plus naturelle que celle qui sort d'un pot d'échappement ».

- Quand les chercheurs du Worldwatch Institute ont pris en compte les émissions que la FAO avait négligé d'inclure, ils ont estimé que le bétail était responsable de 32,564 millions de tonnes de CO_2 par an, soit de 51 % des émissions globales annuelles – davantage que tous les avions, toutes les voitures, les constructions, les centrales électriques et l'industrie réunis*.
- Nous ne savons pas avec certitude si l'élevage est une des causes principales, ou *la* cause principale du dérèglement climatique.
- Nous savons avec certitude que nous ne pouvons pas nous pencher sur la question du climat sans également réfléchir à l'élevage.

* On trouvera une explication de ces calculs en appendice. *(Note de l'auteur.)*

Il sera impossible de désamorcer la bombe à retardement sans réduire notre consommation de produits d'origine animale

- Les scientifiques estiment que pour maintenir le réchauffement planétaire à 2 °C ou moins – l'objectif de l'Accord de Paris – nous disposons d'un budget d'émissions en eq CO_2 de 565 gigatonnes d'ici à 2050.
- Un rapport récent de l'université Johns Hopkins sur le rôle du régime alimentaire dans le contrôle du climat explique que : « Si les tendances actuelles de la consommation de viande et de produits laitiers se poursuivent telles qu'elles sont, la température moyenne de la planète, selon toute vraisemblance, augmentera de plus de 2 °C, même avec une réduction drastique des émissions dans tous les secteurs autres que l'agriculture. »
- Les efforts consentis par les civils aux États-Unis durant la Seconde Guerre mondiale n'étaient pas suffisants, à eux seuls, pour assurer la victoire, mais la guerre n'aurait pas pu être gagnée sans eux. Un changement de nos habitudes alimentaires ne suffira pas, à lui seul, pour sauver la planète, mais nous ne pourrons pas la sauver sans procéder à ce changement.

Toutes les actions ne se valent pas

- Les estimations les plus optimistes suggèrent que, même en supposant une coopération internationale, la mutation générale des sources d'énergie vers le vent, l'eau et le soleil prendrait plus de vingt ans et exigerait cent mille milliards de dollars d'investissement.
- Hans Joachim Schellnhuber, directeur de l'Institut de recherche de Potsdam sur les effets du dérèglement climatique, a déclaré : « Le calcul mathématique est d'une clarté brutale : s'il est certain que le monde ne peut pas être guéri dans les quelques années à venir, il est possible qu'il soit mortellement mutilé par la négligence avant 2020. »
- Corrigé du taux de l'inflation, le coût total de la Seconde Guerre mondiale a été de quatorze mille milliards de dollars.
- Les quatre choses ayant le plus grand impact qu'un individu peut faire pour s'attaquer au dérèglement climatique sont les suivantes : adopter un régime à base de plantes, éviter l'avion, vivre sans voiture et avoir moins d'enfants.
- De ces quatre actions, seule l'adoption d'un régime à base de plantes répond au problème du méthane et

du protoxyde d'azote, deux gaz à effet de serre d'une importance capitale.

- La plupart des gens ne se posent pas la question de décider s'ils veulent ou non avoir un enfant.
- 85 % des Américains vont au travail en voiture. Peu de conducteurs peuvent tout simplement décider de cesser d'utiliser leur véhicule.
- Pour les Américains, 29 % des voyages en avion en 2017 avaient un motif professionnel, 21 % étaient effectués dans « un but personnel non lié aux loisirs ». Le monde de l'entreprise doit apprendre à compter davantage sur la communication à distance, les vols « non liés aux loisirs » doivent être restreints, et ceux qui y sont liés peuvent et doivent être réduits, mais il demeure évident qu'une partie non négligeable des vols aériens est inévitable.
- Tout le monde fera un repas à plus ou moins brève échéance et peut donc immédiatement participer au renversement du dérèglement climatique.

Tous les aliments ne sont pas équivalents

- Kilos de CO_2 associés à une ration de chacun de ces aliments :

  Bœuf : 2,99
  Fromage : 1,11
  Porc : 0,78
  Volaille : 0,57
  Œufs : 0,40
  Lait : 0,32
  Riz : 0,07
  Légumineuses : 0,05
  Carottes : 0,03
  Pommes de terre : 0,01

- En moyenne, un régime aux deux tiers végan a une empreinte carbone inférieure à celle d'un régime végétarien à plein temps.

Comment prévenir l'extinction

- Pour atteindre l'objectif de 2 °C de l'Accord de Paris, le budget annuel en eq CO_2 d'un individu ne devra pas excéder 2,1 tonnes avant 2050.
- Alors que les habitants de différents pays ont des empreintes carbone remarquablement diverses – en moyenne celle de l'Américain est de 19,8 tonnes d'eq CO_2 par an, celle du Français est de 6,6 tonnes par an, celle du Bangladais de 0,29 tonne par an –, à l'échelle mondiale, l'homme a, en moyenne, une empreinte carbone de 4,4 tonnes d'eq CO_2 par an.
- Adopter un régime aux deux tiers végan en économise 1,3 tonne par an.

III

RIEN QU'UNE MAISON

Cartographier notre vision

Il arriva un moment où les habitants de Mars ne furent plus capables de remettre en doute le réchauffement de leur planète ni l'envergure de la destruction qui la menaçait. Dans une dernière tentative désespérée pour conserver leur civilisation, ils creusèrent de vastes canaux qui reliaient les pôles de leur planète à l'étendue de terre brûlée recouvrant le reste de sa surface. La fonte annuelle des calottes glaciaires devait produire de l'eau en quantité suffisante pour qu'ils puissent tenir au moins encore une génération.

Ce dernier combat contre l'extinction fut documenté par une étude réalisée par l'astronome Percival Lowell depuis son observatoire privé à Flagstaff, Arizona, à la fin du dix-neuvième siècle. Lowell n'était pas un charlatan – il avait été élu membre de l'Académie américaine des Arts et des Sciences, et il est connu pour avoir conduit les efforts que la découverte de Pluton couronna de succès – mais étant donné que les « éléments artificiels » de Mars ne purent être observés par aucun autre astronome de son temps, sa théorie, qui avait pourtant suscité l'enthousiasme du grand public, fut rejetée par la communauté scientifique. Il poursuivit ses observations et réalisa des croquis méticuleux des canaux martiens ; jusqu'à sa mort, en 1916, il insista sans relâche sur le fait qu'ils constituaient la dernière tentative héroïque d'une civilisation à l'agonie pour se sauver.

Lowell n'avait pas été à l'origine de ces recherches sur les canaux de Mars. En 1877, l'astronome italien Giovanni Schiaparelli déclarait avoir observé des *canali* sur Mars, et avait ainsi lancé une investigation parmi les astronomes de langue anglaise pour découvrir des éléments artificiels à la surface de la planète. Lowell fut le seul à confirmer les observations de Schiaparelli. Hélas, le mot italien *canali* signifie « chenaux » (un élément naturel, dont il existe beaucoup d'exemples sur Mars), et non pas des « canaux », qui avait été mal traduit en anglais.

Quand le vaisseau spatial Mariner de la NASA s'approcha de Mars en 1965 et prit les premières photographies de la surface de la planète, l'existence des canaux fut irrévocablement démentie. S'il y avait eu un jour une vie intelligente sur Mars, soit la civilisation en avait recouvert les traces, soit les preuves de cette existence avaient été effacées par le temps – exactement comme les scientifiques disent que ce sera le cas d'ici environ vingt mille ans sur la Terre après la disparition de l'humanité.

Mais il fallut encore quarante ans pour expliquer ce que Lowell avait observé et décrit avec opiniâtreté.

*

Je suis assis au chevet de ma grand-mère en tapant ces mots. Elle vit chez mes parents depuis quelques années, après une brève tentative de placement dans une résidence médicalisée, qui s'était révélée génératrice de trop de tension pour elle.

Aujourd'hui, elle dort la plupart du temps. Ma mère me dit que ma grand-mère souhaite qu'on la réveille quand elle reçoit de la visite. Cela va à l'encontre de mon instinct – ne jamais réveiller un bébé qui dort, ne jamais réveiller une grand-mère qui se meurt – mais, dans ce cas, j'agis en conformité avec ce que je sais, et non pas avec ce que je sens. Un sourire se dessine sur son visage au moment où ses paupières s'ouvrent, comme si l'un était relié aux autres par des fils invisibles.

Elle a toujours toute sa tête, mais malgré – peut-être à cause de – toutes ces choses essentielles dont il reste à parler, j'ai l'impression que nous n'avons plus rien à nous dire. Et donc la plupart du temps, nous restons là en silence. Parfois elle demeure éveillée, parfois elle se rendort. D'autres jours, je descends au rez-de-chaussée et je passe un moment avec mes parents pendant qu'elle se repose ; quelquefois, comme maintenant, je reste ici. Une des façons que j'ai trouvées de meubler les heures a été de faire le tour de la ville en voiture pour sillonner les quartiers et les lieux où j'ai grandi : le restaurant Mr L a disparu ; le drugstore Higgers a disparu, la librairie Politics and Prose s'est installée de l'autre côté de la rue et s'est étendue comme un empire ; le terrain de jeu de l'école Sheridan est désormais envahi de nouvelles salles de classe ; le parc de Fort Reno est toujours là, mais Fugazi n'y donne plus de concerts.

Rien n'a la même taille que dans mon souvenir. La « grande colline » que mon frère et moi nous mettions au défi de dévaler à bicyclette sans freiner n'est en fait qu'une pente douce. Le chemin vers l'école, qui dans ma mémoire prenait près d'une heure, n'est long que de quelques centaines de mètres. Mais l'école elle-même, que je croyais petite, est immense – infiniment plus grande que celle que mes enfants fréquentent aujourd'hui. Mon sens des proportions n'est pas faussé dans une direction particulière, mais il est néanmoins sérieusement déformé.

Ce que j'ai trouvé le plus étrange à revoir, c'est la maison où j'ai grandi durant les neuf premières années de ma vie. Dans ce cas précis, ce n'était pas l'échelle physique qui était gauchie, mais ma perception émotionnelle. J'étais certain que j'éprouverais des sentiments forts en la visitant à nouveau pour la première fois depuis des décennies, mais je l'ai seulement trouvée intéressante, et je n'ai eu aucune peine à la quitter au bout de quelques minutes.

Il y a plusieurs années, une artiste peintre a conduit une série de longues interviews avec chacun de mes frères et moi, ressuscitant des souvenirs de la maison de notre enfance partagée. *De quelle couleur est la porte d'entrée ? Que voyez-vous en entrant ? Y a-t-il de la moquette sur le plancher ? Combien de marches diriez-vous que compte l'escalier ? À quoi ressemble la rampe ? Y a-t-il des rideaux ou des stores aux fenêtres ? Combien y a-t-il d'ampoules au lustre ?* (Elle posait toutes ces questions au présent.) Elle nous a ensuite montré trois différents plans de la maison correspondant à nos souvenirs. Les écarts étaient ahurissants : une disposition distincte des pièces, des échelles différentes, et même un nombre divergent d'étages. Comment cela est-il possible ? Ce n'était pas une maison dans laquelle nous n'étions entrés que quelques rares fois. C'était celle où nous avions été élevés. Peut-être cette expérience prouve-t-elle que la mémoire est encore moins sûre qu'on ne le croit, à moins que nous n'ayons été trop absorbés par notre propre enfance pour y faire attention. Mais une possibilité beaucoup plus troublante est que la maison – que nous croyons essentielle aux histoires que nous inventons et à celles auxquelles nous croyons – a finalement moins de pouvoir qu'on ne se l'imagine. Peut-être la maison, au bout du compte, n'est-elle qu'un endroit comme les autres.

*

Après la chute de l'Empire romain, des plantes exotiques fleurirent sur tout le terrain gorgé de sang du Colisée – des plantes qu'on ne trouvait nulle part ailleurs en Europe. Elles envahirent les gradins, étouffèrent les colonnes, poussèrent et poussèrent sans relâche. Pendant une certaine période, le Colisée fut bien involontairement le plus grand jardin botanique du monde. Les graines, sans qu'on le sache, avaient été transportées dans la peau et le poil des taureaux, des ours, des tigres et des girafes ayant parcouru des milliers de kilomètres pour être exterminés par les gladiateurs. Ces plantes remplirent, pour ainsi dire, l'absence de l'Empire romain.

Quand ma grand-mère et moi nous promenions au parc durant le week-end, elle faisait une pause à chaque banc – il serait d'ailleurs sans doute plus exact de décrire ces heures dominicales comme de longs week-ends de repos ponctués par quelques moments de marche. D'ordinaire, nous restions assis en silence. Parfois elle me donnait des conseils de vie : « Tu devrais épouser quelqu'un d'un peu moins intelligent que toi » ; « ce n'est pas beaucoup plus compliqué de tomber amoureux de quelqu'un de riche » ; « c'est toi qui as payé le pain dans la corbeille, alors il t'appartient de le manger ». Souvent, elle posait son énorme main sur mon genou en déclarant : « Tu es ma revanche. »

Ces mots m'avaient toujours étonné et j'en suis arrivé à différentes interprétations au fil des ans. « Revanche » vient du mot latin qui signifie « vengeance », *vindicare* qui veut dire « libérer », « revendiquer ». Rendre sa liberté à quelqu'un. Réclamer son dû. La revanche ultime contre un génocide destiné à vous annihiler, vous et votre peuple, c'est créer une famille. La revanche ultime contre une force qui essaie de s'emparer de vous et de vous emprisonner, c'est de vous affranchir, de revendiquer votre vie. Quand elle regardait ses enfants, ses petits-enfants et ses arrière-petits-enfants, peut-être imaginait-elle quelque chose comme un Colisée : la vision d'une vie florissante, distincte, spectaculaire, en raison précisément de son improbabilité. Si nous nous attaquons à la crise environnementale aujourd'hui, l'existence future que nous aurons rendue possible – revendiquée, reconquise – pour nous épanouir pourrait bien ne pas en être si éloignée.

*

C'est seulement en 2003 que la question de ce que Lowell avait vu et décrit durant toutes ces années trouva finalement une réponse. Un optométriste en retraite, Sherman Schultz, remarqua que les modifications que Lowell avait apportées à son télescope l'avaient transformé en quelque chose qui le faisait ressembler à l'instrument qu'on utilise pour détecter les cataractes. L'aperture minuscule, dont Lowell pensait qu'elle produisait une image plus claire des planètes qu'il observait, projetait les ombres de ses propres veines et des taches noires sur le corps vitreux de son œil jusqu'à la rétine, au point de les rendre visibles. Par accident, Lowell avait utilisé un instrument inventé pour révéler les objets qui sont le plus loin de celui qui regarde, et il l'avait transformé de manière à rendre discernables ceux qui sont les plus proches. Il était né peu de temps après la révolution industrielle – la période durant laquelle l'humanité occidentale a imposé de façon radicale sa propre vision de la Terre, la métamorphosant pour toujours. Les cartes établies par Lowell de la planète d'une civilisation à l'agonie représentaient en fait les structures et les imperfections de ses propres yeux.

La maison où j'ai grandi ne s'est pas amenuisée, non plus d'ailleurs que les mains de ma grand-mère. Tout comme Lowell, je commets l'erreur d'attribuer les phénomènes que j'observe à des changements extérieurs plutôt qu'à des modifications internes. Même ceux d'entre nous qui acceptons la responsabilité d'un dérèglement anthropogène du climat nions notre propre contribution. Nous croyons que la crise de l'environnement est causée par de puissantes forces hétérogènes et qu'elle ne peut être résolue que de l'extérieur. Or, reconnaître que nous sommes responsables du problème, c'est le début d'une prise de conscience indispensable à la recherche d'une solution.

La planète prendra sa revanche sur nous, ou bien nous serons la revanche de la planète.

Le plus familier est presque toujours le moins perceptible

Je me trouve à Brooklyn au moment où je rédige ce chapitre, assis sur le plancher dans la chambre de mon fils. À part les moments où il dort, il n'y est pratiquement jamais et donc, sauf pour ranger son linge, moi non plus. C'est sans doute pourquoi, de façon subtile, je détecte encore ce en quoi cette chambre a un parfum différent du reste de la maison : l'odeur presque imperceptible de la collection des Grands Classiques héritée de son oncle, le savon et le shampooing qu'on ne trouve que dans sa salle de bains, celle des ours, cochons et autres tigres en peluche reçus pour ses anniversaires, remportés lors de fêtes foraines, ou échangés contre des dents.

Vous est-il arrivé de prendre soudain conscience de l'odeur de votre maison ? Peut-être en revenant d'un long voyage ? Ou parce qu'un visiteur vous l'avait fait remarquer ? Dans des circonstances normales, nous sommes littéralement incapables de sentir l'odeur de l'endroit où nous vivons – de remarquer n'importe quelle senteur à laquelle nous sommes habitués. Selon la psychologue cognitiviste Pamela Dalton, après avoir respiré ne serait-ce que deux fois, « les récepteurs de votre nez se ferment, pour ainsi dire ». Dès que nous avons décidé qu'une odeur n'était pas menaçante, nous cessons d'y prêter attention. Achetez un parfum d'ambiance et vous verrez que, après une semaine, vous vous surprendrez à vous poser la question de son efficacité. Cette adaptation rapide de l'odorat est sans doute liée à l'évolution de l'espèce humaine. Plutôt que de prêter attention à quelque chose dont nous savons qu'il ne présente aucun risque, nous pouvons utiliser nos ressources pour détecter des stimulus nouveaux, potentiellement dangereux, dans notre environnement. De nombreux biologistes évolutionnistes pensent que ce fonctionnement est dû au besoin de détecter le moment où la viande n'était plus propre à la consommation.

On a du mal à penser que ce phénomène s'applique également à la vue et à l'ouïe – que nous cessons d'entendre quelque chose au bout de quelques secondes d'écoute, ou que nous arrêtons de voir quelque chose après l'avoir observé pendant un moment – mais c'est exactement ce qu'il se passe. De façon moins spectaculaire que pour l'odorat, l'adaptation sensorielle s'applique à tous les sens. Les gens qui vivent à côté de chantiers ont tendance à ne plus entendre le raffut. Quand vous posez la main sur un chien, au début, vous ressentez la chaleur de son poil, mais après quelques instants seulement, vous n'avez plus conscience de toucher quoi que ce soit. Le ciel est dans mon champ de vision durant la plus grande partie de la journée, mais mis à part les moments où je concentre mon attention sur quelque chose – comme la lune en pleine journée ou un arc-en-ciel – je suis capable d'oublier la présence même du ciel. Ce qui est toujours là cesse de l'être.

Pour la plupart des gens, la maison est le lieu le plus familier, le moins menaçant. Pour cette raison, c'est aussi l'endroit que nous sommes le moins capables de percevoir avec exactitude.

Quelques images de chez nous

Il faut parcourir au moins trente mille kilomètres depuis la Terre pour la voir comme un globe. *La Bille bleue* n'était pas la première photographie de la Terre, mais c'était la première où on la voyait entière et illuminée. Ce cliché, le plus souvent reproduit et le plus reconnaissable non seulement *de* la Terre mais *sur* la Terre, avait été pris sur une impulsion presque illicite. « Les séances de photos étaient des événements prévus dans un plan de vol rigoureux qui détaillait chaque étape essentielle au succès, écrivit le réalisateur Al Reinhardt. La pellicule elle-même était strictement rationnée, comme tout le reste lors de ces vols périlleux ; il y avait à bord vingt-trois cartouches destinées aux Hasselbad argentiques 70 millimètres, douze couleur, onze noir et blanc, le tout embarqué dans l'intention d'établir une documentation sérieuse. Personne n'était censé regarder par la fenêtre. »

Apollo 17 a été la dernière mission habitée envoyée vers la Lune, et quand les hommes de l'équipage ont atteint leur destination, ils ont récolté la plus grande quantité d'échantillons lunaires à ce jour. Mais les images de la Terre se sont révélées être la contribution la plus durable qu'ils aient faite à l'histoire de l'humanité. Comme l'a exprimé William Anders – l'astronaute qui a pris *Le Lever de la Terre*, une photo qui a précédé *La Bille bleue* : « Nous avons parcouru tout ce chemin pour explorer la Lune mais le plus important, c'est que nous avons découvert la Terre. »

L'émergence des mouvements écologistes a souvent été attribuée à cette première photographie de la Terre. Certains attribuent à la fragilité apparente de la planète sur ces images – isolée, sans soutien, comme suspendue dans le noir – le mérite d'avoir inspiré le désir collectif de la protéger.

Les astronautes ont été profondément émus, et transformés, par la vision de la Terre depuis l'espace. Ce n'est pas quand il s'est posé sur la Lune que Alan Shepard a pleuré, mais quand il a regardé sa planète d'origine. L'expérience est si répandue et si forte parmi tous les voyageurs de l'espace qu'il lui a été donné le nom d'« effet de surplomb ».

Ce sentiment du sublime provient de deux sources : la beauté et l'immensité. Il est difficile d'imaginer quelque chose de plus beau et de plus grand, quelque chose qui vous transforme aussi profondément, que la planète vue de l'espace, en particulier parce qu'elle est entourée d'un néant de ténèbres apparemment incommensurables. C'est peut-être l'illustration visuelle la plus claire de ce que sont l'interconnexion, l'évolution de la vie, le temps profond et l'infinité qu'il puisse nous être donné de recevoir. Depuis ce poste d'observation, « l'environnement » n'est plus seulement quelque chose qui nous entoure, un concept, un contexte, loin là-bas, extérieur à nous ; l'environnement, c'est un tout, dont nous faisons partie.

L'effet de surplomb transforme les gens. L'un des astronautes d'Apollo est devenu prêtre en revenant sur Terre. Un autre s'est mis à la méditation transcendantale et s'est consacré au volontariat. Un autre encore, Edgar Mitchell, a fondé l'Institut des Sciences noétiques, où on étudie la conscience humaine. « Lors du voyage de retour, a expliqué Mitchell, en parcourant du regard trois cent quatre-vingt mille kilomètres d'espace en direction des étoiles et de la planète d'où j'étais venu, j'ai soudain fait l'expérience d'un univers intelligent, aimant et harmonieux. »

Depuis qu'en 1961, Youri Gagarine est devenu le premier homme dans l'espace, seuls cinq cent soixante-sept êtres humains ont observé notre planète à l'œil nu. De plus, la plupart de ces astronautes ne l'ont découverte qu'en partie plongée dans l'ombre. Il a donc été si rare de voir la planète entièrement illuminée qu'on peut comprendre que l'équipage d'Apollo 17 ait voulu la photographier. Selon l'ingénieur en aérospatiale, Isaac de Souza : « Que 540 [aujourd'hui 567] personnes aient fait l'expérience de l'espace est un fait radicalement nouveau. Un million d'êtres humains qui en font l'expérience, c'est déjà un mouvement. Un milliard, et nous aurons révolutionné la façon dont la planète pense la Terre. » Pour cette raison, il a cofondé Space VR, une entreprise dont le but est d'expédier sur orbite un satellite équipé de caméras de réalité virtuelle à haute résolution. Son objectif est : « de donner à chacun la possibilité de faire l'expérience de "l'effet de surplomb" ».

Étudiant cette possibilité, Johannes Eichstaedt, chercheur à l'Université de Pennsylvanie, a noté : « Il est très difficile de changer de comportement, et donc le fait qu'on ait découvert par hasard quelque chose dont les effets sont si profonds et faciles à reproduire est de nature à faire dresser l'oreille aux psychologues qui devraient dès lors se demander : "Mais que se passe-t-il ici ? Ne peut-on pas multiplier ce genre d'expérience ?" [...]

Au bout du compte, l'essentiel est de savoir comment provoquer ces expériences. De façons diverses, elles aident les gens à mieux s'adapter, à entrer en relation, à concevoir leurs problèmes autrement. »

Décrivant son expérience bien réelle de l'effet de surplomb, l'astronaute Ron Garan a déclaré : « J'ai été submergé d'émotions et ma conscience s'est décuplée. Mais en regardant la Terre – cette oasis fragile et étonnante, cette île qui nous a été donnée, et qui a protégé la vie dans les conditions si dures de l'espace, la tristesse m'a envahi, et j'ai reçu dans l'estomac le coup de poing d'un de ces paradoxes indéniables qui vous donnent à réfléchir. »

De quel paradoxe parlait-il ? Du fait que notre planète nous protège des agressions de l'espace mais que nous ne la protégeons pas de notre propre violence ? Ou que, même si tout le monde sait que nous vivons sur la Terre, on ne parvient à y croire que quand on la quitte ?

Quelques images de nous-mêmes

L'apparition des lunettes, fabriquées à Pise, remonte à environ 1290. Une dizaine d'années plus tard, à Venise, le miroir convexe fut inventé – sans doute une découverte accidentelle, liée au développement des verres utilisés pour les lunettes. Les rares miroirs qui existaient auparavant étaient ternes, imprécis, et déformants. Tout comme un voyage vers la Lune nous a permis de voir notre planète, une invention destinée à nous aider à mieux nous voir les uns les autres nous a permis de nous voir nous-mêmes pour la première fois.

Alors que les premières images nettes de la Terre incitèrent ses habitants à la protéger, lançant ainsi le mouvement écologiste, les premiers reflets clairs d'eux-mêmes que nos ancêtres découvrirent les poussèrent à mieux se comprendre. Aux environs de l'année 1500, toute personne riche pouvait s'offrir un miroir. « Alors que la fin du quatorzième siècle approche et que les gens commencent à se voir comme les membres individuels de leur communauté, écrit l'historien Ian Mortimer, ils se mettent à souligner leurs relations personnelles avec Dieu. On peut l'observer en étudiant les transformations qui s'opèrent alors dans le mécénat religieux. Si en 1340, un homme fortuné édifiait une chapelle afin de faire dire des messes pour le salut de son âme, il faisait décorer l'intérieur de peintures religieuses, telles que l'Adoration par les Rois mages. À partir de 1400 environ, si le descendant de ce premier bâtisseur voulait décorer à nouveau la chapelle, il commandait un portrait de lui-même sous les traits d'un des Rois mages. » La propagation du miroir précipita aussi une augmentation des autoportraits (que l'on peut considérer comme le prototype du selfie) et des romans à la première personne, ainsi que l'expression accrue de sentiments intimes dans la correspondance.

Quand les bébés commencent à reconnaître leur reflet pour la première fois, ils font preuve de résistance, ils restent en retrait, paraissent gênés, comme si la conscience qu'ils prenaient soudain d'eux-mêmes les perturbait.

Seules quelques espèces non humaines sont capables de reconnaître leur reflet dans un miroir. C'est le cas des orques, des dauphins, des grands singes, des éléphants, des pies. On a récemment ajouté à cette liste une espèce de minuscules poissons coralliens qu'on appelle les labres nettoyeurs, nommés ainsi parce qu'ils se nourrissent du mucus, des parasites et des peaux mortes qui encombrent les poissons de plus grande taille. Pour tester les capacités qu'a un animal à se reconnaître dans une glace, les scientifiques lui font une tache sur la tête, et l'observent pour savoir si le spécimen s'y intéresse et entre en relation avec lui, établissant un rapport entre sa propre tête et son reflet. En l'occurrence, ils ont placé des labres dans des bassins équipés de miroirs. Au début, les poissons se sont comportés avec agressivité, s'attaquant à leurs propres reflets. « Mais finalement, peut-on lire dans le *National Geographic*, cette conduite a cédé la place à un comportement beaucoup plus intéressant. » Les labres ont commencé par « s'approcher de leur reflet sur le dos, ou bien ils se sont précipités vers le miroir à toute vitesse, ne s'arrêtant qu'au moment où ils allaient le toucher. Lors de cette phase, rapportent les chercheurs, les labres nettoyeurs faisaient un "test de contingence" : interagissant directement avec leur propre reflet, ils commençaient peut-être à comprendre que c'étaient eux-mêmes qu'ils regardaient et non pas leurs congénères ». Quand ces poissons se furent habitués au miroir, les scientifiques injectèrent à certains des fluides de couleur qu'on pouvait voir sous la peau – un changement qu'ils pouvaient seulement détecter en observant leur propre reflet. À d'autres, ils injectèrent des fluides qui ne laissaient aucune trace sur la peau et, à d'autres encore, le fluide de couleur mais sans leur proposer de miroirs. « Les poissons auxquels on avait injecté une marque claire ne se grattaient pas, non plus que ceux auxquels on avait injecté une marque de couleur sans leur fournir de miroir. C'est seulement quand les poissons pouvaient voir la marque dans un miroir qu'ils essayaient de la faire disparaître, ce qui suggère qu'ils reconnaissaient dans ces reflets l'image de leur propre corps. »

Les labres nettoyeurs vivent dans des récifs coralliens qui menacent de disparaître si nous nous contentons d'atteindre les objectifs de l'Accord de Paris et ne réchauffons la Terre que de 2 °C.

*

Environ une dizaine d'années après que *La Bille bleue* eut commencé à circuler dans le monde entier, des preuves irréfutables du réchauffement anthropogène de la planète émergèrent. En 1988, James Hansen, chercheur à la NASA, témoigna devant la Commission

Énergie et Ressources naturelles du Sénat américain : « Le réchauffement de la planète, expliquait-il, a atteint un tel niveau que nous pouvons avec un haut degré de certitude affirmer qu'il existe une relation de cause à effet entre les gaz à effet de serre et le réchauffement observé. » Son témoignage contribua à faire entrer l'expression « réchauffement planétaire » (*global warming*) – dans le vocabulaire américain. Cette même année, le candidat à la présidence George W. Bush (père), écologiste autoproclamé, prononça un discours dans le Michigan, la capitale de l'industrie automobile américaine, au cours duquel il déclara : « Notre Terre, notre eau et notre sous-sol soutiennent un nombre remarquable d'activités humaines, mais ils ne peuvent en supporter qu'un certain nombre. Il nous faut nous souvenir de ne pas les prendre pour acquis, mais de les considérer comme des dons qui nous ont été faits. Ces questions dépassent les bornes de l'idéologie, elles ne connaissent pas de frontières politiques : il ne s'agit ici ni de gauche ni de droite. » Il s'engagea à « lutter contre les gaz à effet de serre avec pour arme l'effet Maison-Blanche ». Cette année-là, quarante-deux sénateurs – Républicains pour moitié – exigèrent que « Reagan en appelle à un traité international imité de l'accord obtenu sur l'ozone ». Il vaut la peine de parcourir le texte de cet accord, ne serait-ce que parce qu'il démontre la possibilité d'une coopération internationale au sujet de l'environnement. Signé en 1987 et connu sous le nom de « Protocole de Montréal », la version originale de l'accord exigeait des pays développés qu'ils commencent à éliminer progressivement dès 1993 les chlorofluorocarbures (CFC) – des composés chimiques qui détruisent la couche d'ozone et que l'on trouve dans les fluides réfrigérants et dans les aérosols – pour parvenir à une réduction de 50 %

en 1998. On demandait également à ces pays de mettre fin à la production et à la consommation des halons, des composés chimiques utilisés dans les extincteurs qui endommagent eux aussi la couche d'ozone. Selon l'EPA (Agence de Protection de l'Environnement américaine), « grâce aux mesures prises dans le cadre du Protocole de Montréal, les émissions de SAO (Substances qui Appauvrissent la couche d'Ozone) sont en train de chuter et on s'attend à ce que la couche d'ozone soit complètement restaurée au milieu du vingt et unième siècle ».

Environ six ans avant la déposition de James Hansen devant le Congrès, et après une dizaine d'années d'investissements dédiés à la recherche sur le dérèglement climatique, Exxon fit des coupes radicales dans son budget d'investigation sur la façon dont les émissions de CO_2 provenant des énergies fossiles menaçaient d'affecter la planète, le réduisant de 83 %. Puis l'industrie des énergies fossiles lança une campagne de désinformation, produisant de faux rapports qui, à les en croire, épargnerait à l'Amérique un douloureux examen de conscience. Dans un article de fond intitulé : « Perdre la Terre : les dix ans où nous avons failli mettre fin au dérèglement climatique », Nathaniel Rich écrit : « Il est incontestable que les hauts cadres de l'entreprise qu'on appellerait plus tard Exxon, tout comme ceux des autres grandes compagnies de pétrole et de gaz, connaissaient les dangers du dérèglement climatique dès les années 1950. Mais l'industrie automobile n'en ignorait rien non plus, et lança ses propres recherches au début des années 1980, à l'instar des plus grandes entreprises qui se partageaient le réseau électrique. Elles ont toutes leur part de responsabilité dans la paralysie actuelle et l'ont rendue plus pénible que nécessaire. Mais elles n'ont pas été les seules. Le gouvernement des États-Unis aussi savait… Tout le monde savait. »

Et pourtant nous continuions de déployer des stratégies d'évitement et de retrait, et nous contentons d'afficher notre embarras. Nous étions alors – et d'une certaine façon nous sommes restés – au stade le plus précoce du développement quand il s'agit d'évaluer notre impact sur la planète : pareils aux bébés qui se reconnaissent dans un miroir pour la première fois.

Au cours des cent premiers jours de sa présidence – treize ans après le discours de son père dans le Michigan – George W. Bush renia sa promesse de campagne de réguler les émissions émanant des centrales électriques alimentées au charbon et refusa de signer le traité international de Kyoto sur le climat. La justification qu'il donna à ce refus était aussi significative que le retrait lui-même : il évoquait des doutes scientifiques. Bush jura que « la politique de son gouvernement en matière de climat était scientifiquement fondée ». Cette même année, il lança l'Initiative américaine de Recherche sur le Changement climatique, dont l'une des premières priorités était d'étudier les « zones d'incertitude » de la climatologie. Dans le discours durant lequel il expliquait pourquoi les États-Unis ne signeraient pas le Protocole de Kyoto, Bush déclara : « Nous ne savons pas quel peut être l'effet des fluctuations naturelles du climat dans le réchauffement de la planète. Nous ne savons pas dans quelle mesure notre climat pourrait changer ou changera à l'avenir. Nous ne savons pas à quelle vitesse ce changement se produira, ni même quel pourrait être l'impact de certaines de nos actions. »

En Amérique, il est plus facile que jamais pour la gauche d'accuser la droite de négligence en matière environnementale, en particulier aujourd'hui où nous avons un président qui réduit la superficie des forêts nationales, ouvre des terres protégées aux intérêts pétroliers, a fait de l'Agence de Protection de l'Environnement une Agence pour la Protection des Énergies fossiles, qui essaie de redonner à l'industrie du charbon son rythme de croisière, qui limite la protection fédérale des voies navigables, et qui dénonce l'Accord de Paris. Mais ces accusations peuvent aussi être un moyen de nous détourner de nos propres réflexions. Même si son gouvernement a réalisé des progrès écologiques, Obama n'a jamais réussi à faire avancer de lois en matière de climat au cours des deux premières années de son mandat, alors qu'il bénéficiait d'une majorité démocrate au Congrès. Récemment, des États considérés comme des bastions du progrès ont connu des échecs en matière de politique environnementale : l'État de Washington a rejeté une taxe carbone et le Colorado a refusé de ralentir les projets d'exploitation de pétrole et de gaz. À l'étranger, les Français ont défilé par milliers pour protester contre une taxe sur le gazole. Après trois semaines de violentes manifestations, Emmanuel Macron a reculé et annoncé que la taxe serait suspendue.

Des signes de progrès comme « We Are Still In » (littéralement « nous en faisons toujours partie », une coalition des acteurs économiques américains qui s'engagent à atteindre les objectifs de l'Accord de Paris sans l'aide du gouvernement fédéral), « La Dernière Paille en plastique », « Les Lundis sans viande », la taxe sur les sacs plastique, et même le plan d'action de 2020 mis au point par la Chine contre la pollution et le réchauffement climatique, sont-ils uniquement des tests de contingence ? Sommes-nous seulement en train d'expérimenter la façon dont notre comportement affecte nos reflets, comme les labres nettoyeurs avant qu'ils ne réussissent à faire le lien ? Commençons-nous à comprendre que c'est nous-mêmes que nous regardons et non pas les gouvernements et les multinationales ? Ce sont les premières étapes, certainement, mais elles ressemblent aux premiers pas d'un bébé. Il nous faut maintenant apprendre à sprinter vers le changement.

Cinquante ans environ après que les astronautes d'Apollo 17 eurent pris le cliché de *La Bille bleue*, et à peu près trente ans après la déposition de James Hansen sur le réchauffement climatique, les États-Unis ont élu un président qui a écrit plus de cent tweets pour exprimer son scepticisme quant au dérèglement climatique, y compris ceux-ci :

> Nous devrions nous concentrer sur notre air magnifiquement propre et sain, et ne pas nous laisser distraire par ce canular coûteux qu'est le réchauffement de la planète !
>
> Ils appellent ça « dérèglement climatique » aujourd'hui parce que les mots « réchauffement de la planète » ne marchaient plus, mais ce sont toujours les mêmes qui luttent pour poursuivre le même combat !
>
> Ces bobards sur le RÉCHAUFFEMENT DE LA PLANÈTE nous coûtent cher et il faut qu'ils cessent. Notre planète gèle, des records de froid sont enregistrés et nos scientifiques spécialistes de la Terre et de l'Eau sont pris par les glaces.

Quelle est votre réaction à ces déclarations ? Colère ? Effroi ? Défiance ? Pour ma part, elles m'emplissent d'une rage primitive que je ne ressens que quand quelqu'un met mes enfants en danger.

Mais toutes ces réactions sont hors de propos.

Il existe une forme de déni de la science bien plus pernicieuse : celle qui prend la forme d'une acceptation. Ceux d'entre nous qui savons ce qui se passe mais qui agissons bien trop peu à ce sujet méritons davantage la colère. Nous devrions être effrayés par nous-mêmes. Nous sommes ceux qu'il nous faut défier. Se reconnaître n'est pas toujours synonyme de conscience de soi, disent les critiques du test du miroir.

Je suis celui qui met ses enfants en danger.

Hypothéquer la maison

« Je suis convaincu que les humains doivent quitter la planète, a déclaré Stephen Hawking. La Terre devient trop petite pour nous, ses ressources naturelles s'épuisent à une vitesse alarmante. »

Le GFN (Global Footprint Network) est un consortium qui rassemble des scientifiques, des chercheurs, des associations à but non lucratif, des universités, et des instituts de technologie, et mesure l'empreinte écologique humaine. En examinant les ressources naturelles nécessaires à la production de ce que nous consommons, ainsi que les émissions de gaz à effet de serre engendrées, le GFN a établi un bilan qui nous permet de savoir dans quelle mesure nous vivons ou non selon nos moyens. La réponse dépend entièrement de qui désigne ce « nous ». Si les sept milliards et demi d'habitants de la planète avaient les besoins (et les émissions correspondantes) du Bangladais moyen, il nous faudrait une Terre de la taille de l'Asie pour gérer durablement notre budget – notre planète serait alors largement suffisante pour nous. La Terre est approximativement de la taille nécessaire à équilibrer le budget de la Chine – en dépit du fait que ce pays est souvent représenté comme le scélérat de l'écologie –, et cet équilibre est atteint à l'heure qu'il est. En revanche, pour que n'importe quel habitant de ce monde puisse vivre comme un Américain, il nous faudrait au moins quatre planètes Terre. Selon le GFN, la fin des années 1980 a marqué la fin de la capacité de la planète à assurer les besoins de ses habitants. À partir de ce moment-là, nous avons commencé à vivre dans ce qu'on pourrait appeler une dette écologique – multipliant nos dépenses à une vitesse intenable. Le GFN estime que, d'ici les années 2030, nous aurons atteint le moment où une seconde Terre sera indispensable pour satisfaire ces mêmes besoins.

La plupart des lecteurs de ce livre vivent avec une sorte de dette ou une autre, qu'il s'agisse de prêts étudiants, de prêts à la consommation pour l'achat d'une voiture, de leur carte bancaire à débit différé, ou d'un crédit immobilier. (Au moment de leur mort, 73 % des consommateurs américains ont des dettes inimaginables.) Pour donner leur accord sur un prêt, les banques examinent le rapport entre les dettes et les revenus. La plupart des établissements financiers considèrent qu'un taux d'endettement de 36 % au maximum permet une bonne santé économique. Il est impossible d'obtenir un prêt si on dépasse un taux d'endettement de 45 %. (Un article essentiel de la Loi Dodd-Frank, promulguée en réaction à la crise financière de 2008, a été la règle d'endettement maximum qui stipule que les emprunteurs ne peuvent pas dépasser un taux d'endettement de 43 %.) L'humanité, elle, a un taux d'endettement de 150 %, ce qui signifie que nous consommons nos ressources naturelles à une vitesse 50 % supérieure à la possibilité qu'a la Terre de les remplacer.

L'expression « hypothéquer l'avenir de nos enfants » a été utilisée dans de nombreux contextes, des reports d'impôts générateurs de dettes jusqu'à un manque d'investissement dans les infrastructures. Quelqu'un devra payer pour les choix que nous avons opérés, nous le savons mais nous n'y croyons pas. Nous hypothéquons aussi l'avenir de nos enfants en maintenant des styles de vie créateurs de futures catastrophes écologiques. De fait, vingt et un jeunes plaignants poursuivent le gouvernement fédéral en justice, arguant du fait que, « à cause des mesures discriminatoires qui provoquent le réchauffement planétaire, le gouvernement viole les droits constitutionnels de la nouvelle génération à la vie, la liberté et la propriété, de même qu'il a échoué à protéger les ressources publiques essentielles ». L'administration Trump a essayé d'intervenir pour faire annuler ce procès, mais la Cour suprême s'est unanimement déclarée en faveur des jeunes plaignants, et a autorisé la poursuite de l'action en justice.

Le rêve américain, c'est d'avoir une vie meilleure que celle de ses parents – en particulier dans le sens du bien-être matériel. Mes grands-parents vivaient dans une maison plus spacieuse et d'une plus grande valeur que celle de leurs parents. Les miens vivent dans une maison plus spacieuse et d'une plus grande valeur que celle de leurs parents. Je vis dans une maison plus spacieuse et d'une plus grande valeur que celle de mes parents. Cette façon d'envisager l'« avoir suffisamment » comme un « en avoir plus » est la mentalité qui a créé à la fois l'Amérique et le réchauffement de la planète. C'est un problème à tous les niveaux, et l'autodestruction fait partie inhérente du modèle, parce que rien ne peut croître à l'infini. De nombreux économistes affirment que les *millenials* sont la première génération d'Américains depuis la Grande Dépression à vivre plus mal financièrement que leurs parents.

Ma grand-mère et moi avions coutume d'emballer des pièces dans des rouleaux de papier pour les porter à la banque et les échanger contre des billets ; quand nous repartions avec cinq dollars, nous nous sentions riches. Quand elle faisait ses courses au supermarché, elle achetait des aliments en promotion comme si elle voulait nourrir non seulement sa famille mais aussi tous ses morts. Lorsqu'elle m'emmenait prendre le petit déjeuner au restaurant – pour les grandes occasions – elle achetait deux bagels, un ordinaire et un à la crème fraîche, et elle transférait la moitié de la crème sur le premier. Et quand elle prit sa retraite, après des décennies passées à travailler douze heures par jour dans de petites épiceries de quartier, elle avait économisé un demi-million de dollars. Elle n'épargnait pas cet argent pour le laisser à ses enfants et ses petits-enfants. Elle voulait simplement s'assurer qu'elle n'aurait jamais rien à nous demander – que personne ne devrait jamais payer pour qu'on prenne soin d'elle.

Mes arrière-grands-parents habitaient une maison en bois sans canalisation ni eau courante, et par grand froid, ils dormaient sur le sol de la cuisine près du poêle. Ils n'auraient jamais pu croire à tout ce que je possède aujourd'hui : une voiture que j'utilise plus par commodité que par besoin, un cellier plein de denrées importées de toute la planète, une maison dont certaines pièces ne sont même pas utilisées tous les jours. Et mes futurs arrière-petits-enfants n'y croiront pas non plus, même si leur incrédulité est informée par un esprit différent : comment as-tu pu vivre sur un tel pied en nous laissant une addition impossible à payer – si lourde qu'il nous est impossible de survivre ?

Les dettes contractées pour payer ses impôts peuvent être négociées. Les infrastructures tombant en ruine peuvent être restaurées ou remplacées. Même un certain nombre de dommages causés à l'environnement

– comme les zones mortes des océans, la pollution de l'eau, la perte de biodiversité, la déforestation – ont été et peuvent encore être réparés. Mais pour ce qui est des émissions de gaz à effet de serre, l'idée même d'hypothèque n'a aucun sens : personne – ni aucune institution ni Dieu – ne nous consentirait un prêt si démesurément hors de proportion avec nos moyens. Et tandis que l'humanité se sent peut-être trop forte pour faire faillite, personne ne viendra nous renflouer.

Une autre Terre

Il est entièrement possible que nous conquérions un jour la seconde planète nécessaire. Des théoriciens comme Stephen Hawking ont défendu l'idée qu'il nous faut commencer à coloniser l'espace d'ici cent ans pour que les espèces restent vivantes, et des chefs d'entreprise comme Elon Musk travaillent activement à sa réalisation. Il nous est possible de calculer comment expédier dans l'espace cent mille personnes à la fois – l'alignement des planètes permettant des départs favorables seulement tous les deux ans, selon Musk, la flotte coloniale de Mars devrait être lancée en masse, « un peu comme dans la série télévisée *Battlestar Galactica* » –, comment trouver le moyen de produire le carburant nécessaire aux fusées sur Mars, et comment résoudre le problème de la construction des infrastructures nécessaires à faire vivre une colonie. Sans même parler de rendre vivable une planète qui a des températures de −60 °C (pendant qu'on en est à parler d'un problème de climat !) et que traversent des radiations mortelles. Si nous sommes incapables d'assainir l'eau et l'air, nous pouvons toujours nous déplacer vers une planète où il n'existe aucun des deux !

À peine soixante-six ans séparent le premier vol des frères Wright, pionniers de l'aviation, et le premier pas sur la Lune de Neil Armstrong – un temps inférieur à celui qu'il fallut à Noé pour construire son arche, et moins long que la vie de mes parents. Si quiconque à l'époque des frères Wright avait suggéré que, moins de soixante-dix ans plus tard, un être humain marcherait sur la Lune – sans compter les centaines de millions de Terriens qui suivraient l'événement à la télévision –, cette idée aurait été considérée avec au moins un certain scepticisme. L'humanité a tendance à sous-évaluer sa propre capacité à créer et à détruire.

Mais peut-être la question n'est-elle pas de déterminer si nous pouvons le faire (supposons que ce soit le cas) ou même si nous devrions le faire (supposons que ce soit possible, comme Musk l'a prédit, au prix de relativement peu d'investissement et d'ici relativement peu de temps), mais plutôt de savoir ce que, à part regarder et espérer, nous sommes censés faire dans l'intervalle. Dans quelle mesure cette solution miracle – ou les douzaines de dizaines d'autres stratégies techniques qui ont été suggérées, depuis bloquer la lumière du soleil à l'aide de bombardements massifs d'aérosols sulfatés, en passant par le retrait *a posteriori* du carbone, jusqu'à l'accélération artificielle du transfert du CO_2 vers les océans – mérite-t-elle notre attention ?

Et quelle part de cette attention devrait prendre en compte la peur d'inventions dignes de Frankenstein qui risquent de se retourner contre leurs créateurs ? Réagissant aux interventions technologiques dans l'environnement, l'Académie nationale des Sciences, d'ordinaire plutôt mesurée dans ses propos, a déclaré : « Il existe un fort potentiel de conséquences imprévisibles, incontrôlables et regrettables pour l'humanité de ces [tentatives visant à modifier le climat], y compris de multiples aspects politiques, sociaux, légaux, économiques et éthiques. » Combien d'œufs devrions-nous mettre dans le panier des solutions miracles ?

Et combien d'œufs dans le panier des changements législatifs ? Ne pouvons-nous pas – ne peuvent-ils pas – seulement taxer les énergies fossiles en proportion à la quantité de carbone qu'elles produisent ? Est-il irréaliste d'imaginer un programme de limitation ambitieux des émissions de certains gaz ? De promouvoir une coopération internationale à l'aide de tarifs incitatifs ? De réguler les émissions de gaz de telle façon que même un dirigeant récalcitrant ne puisse plus soustraire son pays au respect des accords passés ? Nous pouvons essayer. Nous devons essayer. S'agissant de lutter contre la destruction de notre planète, la réponse ne peut jamais être *soit/soit.* Elle doit toujours être *et/et.*

Nous ne pouvons plus nous permettre de choisir quelle maladie planétaire nous allons tenter d'éradiquer, quel remède nous allons essayer d'appliquer. Il nous faut tout faire pour mettre fin à l'extraction et à la consommation des carburants d'origine fossile, investir dans des énergies renouvelables, recycler, employer des matériaux eux aussi renouvelables, mais aussi entamer la suppression des hydrofluorocarbures (HFC) dans les fluides frigorigènes, planter des arbres, protéger ceux qui existent déjà, prendre moins souvent l'avion ou sa voiture, exiger des taxes carbone, changer nos pratiques d'élevage, réduire les déchets alimentaires et notre consommation de produits d'origine animale. Et tant de choses encore…

Mais les solutions technologiques et économiques servent surtout à régler les questions technologiques et économiques. Alors que la crise planétaire va assurément réclamer de l'imagination et de nouvelles législations, c'est avant tout un problème beaucoup plus large – un problème environnemental – qui met en jeu des défis sociaux comme la surpopulation, la condition des femmes, l'inégalité des revenus, et les habitudes de consommation. La question a des ramifications dans l'avenir mais aussi des racines dans notre passé.

D'après le projet Drawdown, quatre des stratégies les plus efficaces pour inverser le cours du réchauffement de la planète sont la réduction des déchets alimentaires, l'éducation des filles, l'accès au planning familial et la santé reproductive et sexuelle, ainsi que le passage à un régime essentiellement à base de plantes. Les bénéfices de ces progrès dépassent de loin la réduction des gaz à effet de serre, et notre effort collectif doit porter sur les coûts qu'ils vont entraîner au départ. Mais il n'y a pas moyen d'en faire l'économie.

Les efforts des civils durant la Seconde Guerre mondiale ont été indispensables à la défaite des ennemis à l'étranger, mais ils ont aussi déclenché un progrès social aux États-Unis. Malgré l'injustice dont ont souffert diverses minorités américaines pendant la guerre – les armées où sévissait la ségrégation, les traitements déplorables infligés aux citoyens d'origine japonaise –, ce fut aussi une période d'avancées sociales qui allait pour toujours modeler la culture américaine. En 1941, Roosevelt signa le décret exécutif 8802 qui interdisait la discrimination raciale dans les industries de défense nationale et dans les services publics. La NAACP (Association de défense des droits des Afro-Américains) vit ses rangs passer de dix-huit mille membres à presque cinq cent mille durant la guerre. Dans le Sud, le pourcentage d'Afro-Américains inscrits sur les listes électorales passa de 2 à 12 %. Dix-sept Liberty Ships reçurent les noms d'Afro-Américains célèbres. Beaucoup des membres de la communauté noire virent la guerre comme un « double V » : une victoire à l'étranger et une victoire sur la ségrégation aux États-Unis. Le départ des hommes pour le front laissa un vide qu'environ sept millions de femmes vinrent combler en rejoignant la main-d'œuvre industrielle. Des emplois s'ouvrirent aussi pour les Mexicano-Américains ; de 1941 à 1944, le nombre de ceux-ci – égal à zéro auparavant – travaillant dans les chantiers navals de Los Angeles atteignit les dix-sept mille. Ces nouvelles opportunités pour les femmes et les minorités mirent au jour des préjugés structurels, permirent le développement de compétences professionnelles, et galvanisèrent les mouvements pour les droits civiques à venir.

Pour nous sauver, l'action collective sera indispensable, et agir de façon collective nous transformera – en particulier si nous changeons non pas parce que nous y sommes incités, non pas parce que nous aurons « vu la lumière », mais plutôt parce que, sentant l'approche des ténèbres, nous nous forcerons à agir sur la foi d'un savoir auquel nous ne pouvons pas *croire*. Quand un couple souffre d'infidélité – une liaison extraconjugale, par exemple – et que ses membres se demandent s'ils doivent rester ensemble, la célèbre psychothérapeute Esther Perel les encourage à repenser leur union en ces termes : « Votre premier mariage est terminé, voudriez-vous essayer d'en inventer un second ? »

Nous n'avons peut-être pas besoin d'abandonner notre globe pour nous sauver : notre seconde Terre peut être une version transformée de celle que nous habitons en ce moment. Dans les deux cas, il va nous falloir vivre sur une nouvelle planète : soit celle qu'il nous faudrait atteindre en la quittant, soit celle qu'il nous faudrait transformer en restant. Ces deux moyens opposés de nous sauver diraient des choses très différentes à notre sujet.

Quelle sorte d'avenir prédiriez-vous pour une civilisation qui abandonne son propre territoire ? Cette décision révélerait quelque chose de nous et nous transformerait. Ceux qui voient notre planète comme un lieu dont on peut se passer auront tendance à agir de même avec tout, et ils deviendront à leur tour des gens dont on peut se passer.

Quelle sorte d'avenir prédiriez-vous pour une civilisation qui prend des décisions collectives pour sauver son territoire ? Cette décision dirait quelque chose de nous et nous transformerait. Par ce saut indispensable – non pas le saut de la foi, mais celui de l'action – nous ferions bien davantage que sauver notre planète. Nous nous rendrions dignes d'être sauvés.

Verre

Le télescope spatial Hubble a été lancé en 1990. Son système d'optique est si puissant et si précis que, s'il était dirigé vers la Terre – et que vous puissiez percer la brume de l'atmosphère et le flou dû à la vitesse sur orbite de l'instrument –, il pourrait lire cette page par-dessus votre épaule. Dans d'autres directions que notre planète, Hubble est capable de voir jusqu'à l'origine des temps.

Le financement de Hubble commença dans les années 1970 mais il fallut vingt ans pour le concevoir, le construire et le lancer. Équivalent moderne d'une cathédrale, ce télescope est l'expression physique de la réussite collective et des ambitions de l'humanité. Il est entre autres parvenu à déterminer la taille et l'âge de l'univers, à détecter la première molécule organique en dehors de notre système solaire, à révéler que pratiquement toutes les galaxies comprennent des trous noirs massifs, à nous apprendre comment se sont formées les planètes et à observer une supernova lointaine qui laisse penser que l'univers ne s'est mis à prendre de la vitesse que récemment.

Tous ces efforts avaient cependant failli être vains. Quand les premières images parvinrent sur la Terre, il était évident qu'un problème sérieux affectait le système optique. Il manquait au miroir – dont on peut dire que c'est le miroir le plus précis jamais taillé – environ un cinquantième de l'épaisseur d'un cheveu humain. Au lieu de laisser entrer 70 % de la lumière d'une étoile dans son foyer, Hubble ne parvenait pas à dépasser les 10 %. Les images étaient décevantes, et le projet devint le pire sujet d'embarras que la NASA ait jamais connu – dans *Y a-t-il un flic pour sauver le président ?*, une photographie de Hubble est exposée à côté de celles du *Hindenburg* et de Michael Dukakis.

Le problème n'était pas facile à régler. Le miroir ne pouvait pas être poli à nouveau dans l'espace. On ne pouvait pas non plus le remplacer sur orbite. Il serait beaucoup trop coûteux de ramener Hubble sur Terre pour effectuer les réparations. Ce qui sauva l'affaire, au bout du compte, ce fut la précision de l'erreur – un composant optique avec le même degré d'erreur dans l'autre direction pouvait corriger la mise au point. Vers 1300, la tentative de créer des lunettes avait amené à l'invention du miroir, sept siècles plus tard, le miroir le plus sophistiqué jamais fabriqué avait besoin d'une paire de lunettes. Parfois, même les problèmes les plus graves et les plus complexes peuvent être résolus par une simple correction, un rééquilibrage. Nous n'avons pas besoin d'inventer la nourriture, mais de la « désinventer ». L'avenir de l'élevage et de l'alimentation doit ressembler au passé.

*

Vincenzo Peruggia avait été engagé par le Louvre afin d'installer des vitrines protectrices pour un certain nombre de toiles. Le soir du 20 août 1911, lui et deux complices se cachèrent dans un placard qu'on utilisait pour entreposer le matériel de peinture des étudiants des Beaux-Arts. Quand ils en sortirent le lendemain matin, Peruggia se dirigea droit vers *La Joconde*, la retira du mur et la fit sortir par l'entrée principale du musée.

À cette époque, *La Joconde* n'était pas aussi connue qu'aujourd'hui dans le monde de l'art ; ce n'était pas la toile la plus admirée de sa galerie, et encore moins du musée. Il fallut vingt-quatre heures pour que l'absence du tableau soit remarquée, mais quand il eut attiré l'attention de la presse écrite naissante, ce larcin se transforma en une intrigue internationale, et *La Joconde*, considérée dès lors comme un chef-d'œuvre, devint la toile la plus célèbre au monde. Quand le Louvre rouvrit, après avoir été fermé pendant une semaine, le temps de l'enquête, des files d'attente se formèrent devant ses portes pour la première fois dans l'histoire du musée. Durant les deux ans qui s'écoulèrent entre le vol du tableau et sa restitution, davantage de visiteurs se pressèrent pour contempler le mur nu sur lequel il avait été suspendu – « la trace de la honte » – qu'il en était jamais venu pour admirer la toile.

Franz Kafka vint voir le mur nu moins d'un mois après la disparition du tableau, cette absence faisant désormais partie de sa collection de « curiosités invisibles » – des panoramas, des événements, des gens et des œuvres d'art qu'il n'avait pas eu l'occasion de voir. L'année suivante, peut-être inspiré par cette expérience, Kafka écrivit son chef-d'œuvre, *La Métamorphose*, au cours duquel un homme se réveille un matin transformé en insecte, sa façon de considérer le monde radicalement altérée, et son corps – sa première demeure – désormais inhospitalier.

La renommée de ce tableau n'a fait que croître avec le temps – mais peut-être serait-il plus juste de dire que la célébrité de la célébrité du tableau est allée croissante. On veut admirer *La Joconde* parce que d'autres veulent l'admirer. Le Louvre estime qu'environ 80 % de ceux qui visitent le musée ne viennent que pour une seule toile. Elle est désormais à l'abri d'une paroi de verre blindé, épaisse de 3,90 centimètres. Alors que cette vitrine a pour but de protéger le tableau le plus cher au monde, elle a pour effet d'intensifier l'impression que nous avons de sa valeur et de sa vulnérabilité. Quand on regarde *La Joconde*, la paroi de verre blindé sert aussi de lentille correctrice.

*

Je possédais une paire de lunettes depuis deux années entières quand je me suis décidé à les porter régulièrement. À la maternelle, lors d'une sortie, l'institutrice avait demandé à tous les élèves de venir se placer sur un des côtés du car. Il y avait quelque chose à voir à travers la vitre. Le car s'est incliné sous le poids, et les autres enfants ont poussé des « Oh » admiratifs.

« Tu as vu ? me demanda la maîtresse par-dessus mon épaule.

– Vu quoi ?

– Si tu portais tes lunettes, tu l'aurais vue.

– Je ne sais pas ce que je suis censé voir.

– Si tu portais tes lunettes, tu le saurais. »

À ce moment-là, je croyais que tout le monde s'était mis d'accord pour me jouer un tour, que les élèves s'étaient pressés à la vitre quand on leur avait fait signe, ils avaient tendu l'index et s'étaient exclamés devant le néant – tout cela pour me donner une leçon.

Le lendemain, mon institutrice m'a dit que j'étais beau avec les lunettes d'aviateur que ma mère avait choisies, mais je n'étais pas dupe. Je lui ai demandé ce qu'ils avaient regardé par la vitre du car.

« La lune en plein jour, répondit-elle.

– Mais moi, je regardais un laveur de carreaux. Il était vraiment tout petit.

– Nous, on regardait la lune.

– Évidemment, ça j'aurais pu le voir.

– Oui, mais tu ne l'as pas vu. »

Je n'avais pas vu la lune, parce que ce n'était pas ce que je cherchais à voir. Nous pouvons porter des lunettes pour corriger notre vision *sur* la Terre, et nous pouvons aller dans l'espace pour corriger notre vision *de* la Terre. Mais aucune paire de lunettes et aucun voyage intersidéral ne peuvent nous pousser dans la bonne direction. Nous braquons notre regard sur les choses que nous voulons voir, sur ce qui nous intéresse. Notre perception n'est jamais aussi nette que quand notre intérêt augmente, et l'intérêt des êtres vivants est décuplé quand ils ont peur. Les gens continuaient à fixer *La Joconde* après le cambriolage. Je fixais le laveur de carreaux parce que j'avais la phobie des hauteurs.

Mon ouïe est la plus fine quand j'écoute un enfant qui dort. Mon palais est le plus fin quand on me demande si un aliment n'est pas avarié. Ma vue est la plus perçante quand je suis sur le mode combat/fuite. Les gens se rappellent souvent leur expérience de l'état de mort imminente comme s'étant déroulée au ralenti, tous leurs sens en hyperacuité. Il s'agit peut-être seulement d'une autre version de la force extrême. Le problème est que notre relation à la planète est un état de mort imminente que nous ne percevons pas comme tel. Si nous arrivions à croire que notre planète est en danger, nous y verrions plus clair. Il est sans doute exact que, si un milliard de gens pouvaient faire l'expérience de l'effet de surplomb, la façon dont les Terriens pensent à leur planète et la traitent en serait révolutionnée. Mais le seul scénario où cela se produirait serait celui qui nous amènerait vers une nouvelle Terre. Imaginez un peu : l'espèce entière s'approchant de la vitre du même côté du vaisseau spatial, regardant à travers une épaisse vitre protectrice, et se rendant enfin compte que notre planète est un chef-d'œuvre.

Sauter du pont du Golden Gate entraîne la mort dans 98 % des cas. Plus de seize mille personnes en ont sauté. Parmi les rares survivants, tous ceux qui ont connu cette expérience ont raconté qu'ils avaient changé d'avis dès l'instant où ils avaient lâché prise. Peut-être notre espèce ferait-elle une expérience similaire. Kevin Hines avait dix-huit ans quand il a sauté. Si nous devions perdre notre planète, peut-être chacun de nous penserait-il, tout comme Kevin Hines regardant le pont reculer tandis qu'il tombait : « Mais qu'est-ce que j'ai fait là ? »

Première maison

« La race humaine existe comme espèce distincte depuis environ deux millions d'années. La civilisation est apparue il y a à peu près dix mille ans et son taux de développement s'est accru de façon régulière. Si l'humanité survit pendant encore un million d'années, elle doit se lancer avec hardiesse là où personne n'est encore allé [...]. Il va nous falloir prendre les mesures pratiques pour établir un écosystème entièrement nouveau qui survivra dans un environnement dont nous savons très peu de choses et envisager de transporter plusieurs milliers de personnes, animaux, plantes, champignons, bactéries et insectes. »

Voilà ce qu'a déclaré Stephen Hawking.

Mais, si votre maison a besoin de réparations, même des aménagements importants, serait-ce faire preuve de hardiesse que de simplement l'abandonner pour en trouver une autre ? Et si la nouvelle maison était à coup sûr largement moins hospitalière et encore plus éloignée de tout ce que nous avons connu ? Au lieu de nous précipiter par-delà l'horizon, nous pourrions nous aventurer dans nos propres consciences et coloniser des zones encore inhabitées de nos paysages intérieurs. Au lieu de nous laisser aller au rêve lointain de transporter des animaux sur des vaisseaux spatiaux vers d'autres planètes, pourrions-nous commencer, ici et maintenant, à en élever moins sur la planète extraordinaire qui est la nôtre ?

Quand les Américains éteignaient les lumières durant la Seconde Guerre mondiale, ils ne le faisaient pas pour protéger leurs habitations – les couvre-feux n'avaient pratiquement aucune valeur utilitaire –, ils défendaient une certaine idée de la « maison ». Ils faisaient preuve de solidarité, et donc ils protégeaient leur famille et leur culture, leur sécurité et leur liberté.

En 2016, dans un clip des services publics pour une organisation suédoise à but non lucratif, Hawking disait encore : « En ce moment, l'humanité fait face à un défi majeur, et des millions de vies sont en danger. » Il en venait ensuite à parler de l'obésité et expliquait pourquoi l'humanité a besoin de manger moins et de faire davantage d'exercice physique. « Il ne s'agit pas de science-fiction. »

Des millions de vies sont peut-être en danger parce que les humains mangent trop, mais la vie de chaque être humain est en danger parce qu'il ou elle mange trop de produits d'origine animale. Je ne parle pas ici de « science-fiction » au sens commun du terme, et la réponse n'est pas non plus un produit de l'imagination. Si nous ne faisons pas preuve de solidarité à travers de petits sacrifices collectifs, nous ne gagnerons pas cette guerre, et si nous ne la gagnons pas, nous perdrons la maison d'enfance de chaque être humain qui a jamais vécu.

Dernière demeure

Je suis au chevet de ma grand-mère. Mon frère aîné m'a appelé pour me pousser à venir ce week-end. Je savais ce qu'il voulait dire. Pour la même raison que mon frère n'a pas prononcé les mots « elle va mourir », j'ai du mal à expliquer ce que je veux dire à ma grand-mère. Même la toucher m'est difficile. Je peux articuler « je t'aime », mais pas « tu vas me manquer ». Je peux l'embrasser pour lui dire bonjour et au revoir, mais ne parviens pas à lui prendre la main quand je suis auprès d'elle.

À regarder ma grand-mère à cette distance, je ressens quelque chose qui ressemble à l'effet de surplomb : mon « chez-moi » me paraît soudain vulnérable, singulièrement beau. Et soudain je la vois tout entière – dans le contexte de ma vie, de ma famille, de l'histoire. Entourée par un néant de ténèbres apparemment infinies, ma grand-mère a besoin de protection, et elle la mérite.

Je me fustige en me rappelant toutes les fois où je l'ai traitée comme une quantité négligeable, ou pire encore. Je faisais des grimaces à mon frère quand on me forçait à lui téléphoner. Je suppliais de ne pas être obligé de rester dormir chez elle, et quand j'y étais, je regardais des rediffusions de matchs pendant des heures et je ne lui parlais qu'à peine. Quand elle voulait m'embrasser, je me détournais.

Alors que je suis père aujourd'hui, je sais que j'agissais tout simplement comme n'importe quel autre enfant. Ce n'est pas de la responsabilité d'un enfant de prendre soin d'une personne âgée (ni d'une maison ni d'une planète) ; c'est de celle d'un adulte et c'est exactement ce que mes parents ont fait, en l'accueillant ici, en faisant de leur maison la sienne. Ils ont installé un monte-escalier pour qu'elle puisse passer d'un étage à l'autre, ont engagé des aides à domicile, occasionnellement d'abord, puis à plein temps, et ne se sont jamais plaints de leur intimité perdue ni de leurs responsabilités émotionnelles, logistiques et financières accrues. Leur façon de prendre soin d'elle – qui a exigé de nombreux sacrifices – a été une révélation pour moi. Je ne pense pas que ce soit un hasard si ce livre a commencé à germer au moment où elle s'est installée chez eux.

Mon fils aîné va bientôt faire sa bar-mitsva, le rite juif de passage à l'âge adulte. Entre autres choses, cette cérémonie marque une transition essentielle : celui qui se contentait de recevoir ce que le monde avait à lui offrir participe désormais au maintien et à la création de ce que le monde offre aux autres. C'est à la fois magnifique et accablant. Mon fils peut cuisiner pour lui-même. Il peut lire seul avant de s'endormir. Il a commencé à se détourner quand je veux l'embrasser. C'est compliqué, souvent douloureux, de prendre soin de quelqu'un dont vous savez qu'il faut le laisser partir. Il a besoin de moi tout autant que ma grand-mère a besoin de mes parents. Mais c'est aussi mon devoir et celui de mes parents de ne pas nous accrocher.

Que nous agissions ou non pour lutter contre le dérèglement climatique, il va nous falloir apprendre à lâcher prise. Même si nous devions demain réduire les émissions de carbone au niveau zéro, nous continuerions d'assister aux effets de nos actions passées et à les ressentir. Cette planète ne sera plus pour nos enfants et petits-enfants la maison qu'elle était pour nous – moins confortable, moins belle, moins agréable. Comme Roy Scranton l'explique dans un texte publié dans le *New York Times* intitulé « Apprendre à mourir durant l'Anthropocène », il est important d'accepter par avance cette perte :

> Le plus gros problème que pose le dérèglement climatique, ce n'est pas la façon dont le ministère de la Défense doit préparer les futures guerres pour les ressources ou comment nous devrions édifier à New York des murs face à la mer pour protéger Alphabet City, ou à quel moment nous devrions évacuer Hoboken. Il ne se résoudra pas parce que nous achèterons une Prius, signerons un traité, couperons la climatisation. Le plus gros problème auquel nous devons faire face est philosophique : il nous faut comprendre que cette civilisation est déjà morte. Plus tôt nous affronterons cette question, plus tôt nous comprendrons qu'il n'y a rien que nous puissions faire pour nous sauver, et plus vite nous pourrons nous atteler à la tâche difficile de nous adapter à notre nouvelle réalité avec l'humilité qui convient à des êtres éphémères.

En regardant ma grand-mère, je comprends tout à fait ce que Scranton veut dire. D'une certaine façon, elle est déjà morte – malgré ce qu'il m'en coûte d'écrire ces mots – et accepter son absence n'est pas seulement la seule démarche honnête, c'est celle qui nous permettra de mesurer pleinement l'importance de sa présence.

C'est la coutume, à Yom Kippour, le jour du Pardon, de réciter la prière appelée « Mi Sheberach » (« Celui qui bénit) à l'intention de ceux que nous aimons et qui sont malades :

Que Celui qui bénit toute chose
l'inonde de sa compassion,
pour lui redonner la santé,
le soigner,
lui rendre sa force
et sa vitalité. Le Tout-Puissant lui enverra
rapidement
une guérison totale – guérison de l'esprit
et guérison du corps –
ainsi qu'à tous les malades,
parmi le peuple d'Israël et l'humanité entière.
Bientôt,
rapidement,
sans délai,
disons ensemble : Amen !

Après des jours de réflexion, ma mère a décidé de ne pas réciter cette prière pour ma grand-mère cette année. Ma grand-mère ne va pas guérir, elle ne devrait pas guérir. Elle a quatre-vingt-dix-neuf ans. Elle ne souffre pas, ni physiquement ni émotionnellement. Il serait cruel de prolonger la durée de sa vie aux dépens de l'expérience qu'elle en a eue.

Il est certain qu'il n'y a rien que nous puissions faire pour « sauver » ma grand-mère. Il est tout aussi vrai que nous pouvons sauver des choses essentielles – pour elle comme pour nous. Elle peut passer le temps qu'il lui reste dans un environnement paisible. Mes parents lui ont acheté un matelas qui aide à prévenir les escarres ; ils ont approché son lit de la fenêtre pour qu'elle puisse voir l'arbre et sentir la lumière du soleil.

Ils ont engagé une infirmière à demeure, pour les soins médicaux mais aussi pour qu'elle ne soit jamais seule. Ils passent plusieurs heures par jour à lui parler, incitent ses petits-enfants à venir aussi souvent que possible, et ses arrière-petits-enfants à communiquer avec elle sur FaceTime. Ils lui offrent les choses qui la rendent heureuse : chocolats, photos de sa famille, enregistrements de chansons yiddish qu'elle écoutait quand elle était petite, leur compagnie.

Nous ne pouvons pas sauver les récifs coralliens. Nous ne pouvons pas sauver l'Amazonie. Il est peu probable que nous réussissions à sauver les cités de la côte. L'échelle des pertes inévitables est telle qu'elle fait paraître *presque* vaine toute poursuite de la lutte. Mais seulement *presque*. Des millions de gens vont mourir à cause du réchauffement climatique – peut-être des dizaines ou des centaines de millions – et les chiffres comptent. Des centaines de millions de gens, peut-être des milliards, vont devenir des réfugiés climatiques. Le nombre de ces réfugiés est important. De même qu'est important le nombre de jours par an où les enfants pourront jouer dehors, ce qu'il restera de nourriture et d'eau, le nombre d'années en moins dans l'espérance de vie. Ces chiffres comptent, parce que ce ne sont pas seulement des chiffres – il s'agit d'individus, avec chacun sa famille, ses habitudes, ses phobies, ses allergies, ses aliments préférés, ses rêves récurrents, une chanson qui lui est restée dans la tête, des empreintes uniques, et un rire particulier. Un individu qui inhale les molécules que nous avons expirées. Il est difficile de prendre en charge des millions de vies. Mais il est impossible de ne pas prendre soin d'une seule. Cependant, peut-être n'avons-nous pas besoin de nous soucier de ces millions de gens. Il nous suffit de les sauver.

Je ne pense pas que le plus grand défi posé par le dérèglement climatique soit d'ordre philosophique. Et je suis tout à fait convaincu qu'un habitant de l'Afrique subsaharienne, ou de l'Asie du Sud-Est, ou encore de l'Amérique latine – là où le dérèglement climatique est ressenti de la façon la plus douloureuse – serait d'accord avec moi. Le plus grand défi est de sauver tout ce qui peut l'être : autant d'arbres, autant d'icebergs, autant de degrés de température, autant d'espèces, autant de vies – *bientôt, rapidement, et sans délai*. Il devrait aller sans dire que nous voulons que tout le monde sur Terre puisse jouir non seulement de la santé et de la vie, mais que chacun puisse se sentir « chez soi ». Or, ce n'est pas le cas : il ne suffit pas de le dire, il faut aussi le répéter. Nous devons nous forcer à faire face au miroir, et à nous regarder dedans. Il nous faut nous engager dans des discussions permanentes avec nous-mêmes pour faire ce qui doit être fait. « Écoute-moi », implore l'âme dans la première lettre de suicide, quand elle essaie de défendre la cause de la vie. « Regarde, il est bon pour les hommes de savoir écouter. »

IV

DISCUSSION AVEC L'ÂME

Je ne sais pas.

Qu'est-ce que tu ne sais pas ?

Je ne sais pas comment je suis arrivé là où j'en suis – alors que j'ai appris tant de choses, que je me suis convaincu aussi profondément de la nécessité de changer – tout en continuant à ne pas être sûr de pouvoir. Tu crois qu'il y a de l'espoir ?

Que tu changes ?

Que l'humanité finira par comprendre.

Nous avons déjà compris.

Que nous agirons sur la base de ce que nous avons compris.

As-tu remarqué que les conversations sur le dérèglement climatique se terminent souvent par la question de l'espoir ?

As-tu remarqué que les conversations sur le climat ont tendance à être détournées ?

C'est précisément parce que nous sommes optimistes et qu'il nous est facile de repousser la conversation.

Non. C'est parce que nous sommes désespérés et que nous trouvons gênant d'en parler.

Dans les deux cas, c'est l'espoir qui permet au sujet du dérèglement climatique – dans les médias, la politique, dans nos vies – d'être éclipsé par les questions plus « urgentes ». Si tu étais médecin, demanderais-tu à un malade du cancer s'il a de l'espoir ?

Peut-être. Voir les choses du côté positif accroît les chances de guérison.

Si tu étais médecin, est-ce que tu demanderais à un malade du cancer s'il a de l'espoir sans l'interroger en même temps sur quelle sorte de traitement il a l'intention de suivre ?

Non, probablement pas.

Et que se passerait-il s'il te disait qu'il a l'intention de ne rien faire du tout ? Lui demanderais-tu encore s'il a de l'espoir ?

Je lui demanderais peut-être s'il attend un miracle ou s'il accepte la mort.

Exactement. Quand un individu fait face à une crise qui menace sa vie et qu'il choisit de ne pas lutter, lui demander s'il a de l'espoir n'est jamais qu'une façon de lui demander en condensé s'il attend un miracle ou s'il accepte seulement de mourir.

À certains moments, écrire ce livre m'a donné de l'espoir, mais la plupart du temps, j'ai surtout ressenti de la rage et/ou de l'accablement.

Ce sont des plaisirs que tu as volés.

L'espoir ?

Oui, mais aussi la rage et l'accablement.

Volés, tu dis ?

Oui, puisque tu ne donnais rien en retour.

La rage et le désespoir sont des plaisirs ?

Les plus coupables. Pourquoi crois-tu que l'article apocalyptique du New York Magazine *sur le réchauffement climatique a connu un tel succès ? Les gens étaient-ils soudain passionnés par la climatologie ? Non, ce que nous recherchions avant tout, et avec avidité, c'était une bonne description de la fin du monde. Happés par cette idée de la même façon que nous sommes irrésistiblement attirés par les films d'horreur, les accidents de voiture, le chaos du gouvernement actuel. Et ne viens pas me dire que les scénarios les plus sombres ne sont pas ce que tu préfères écrire.*

Je ne prétends rien.

Reconnais-le : c'est agréable de montrer aux autres leurs défaillances.

Tu es injuste !

Pas du tout. Et si tu payais les plaisirs que tu as volés ?

J'ai passé deux ans à écrire ce livre en tentant de persuader autant de gens que possible de changer de vie. Est-ce que ce n'est pas déjà quelque chose ?

Pas assez.

Qu'est-ce que je peux faire de plus ?

Changer ta façon de vivre.

Je sais.

Mais ?

Je ne sais pas.

Qu'est-ce que tu ne sais pas ?

Y a-t-il une chose plus narcissique que de penser que les choix qu'on a faits peuvent affecter tout le monde ?

Une seule : croire que les choix qu'on fait n'affecteront personne. Comme tu as passé les trois derniers chapitres de ce livre à l'expliquer.

C'était peut-être seulement l'envie d'écrire. Encore un plaisir volé. Le dérèglement climatique est un problème à l'échelle de la Chine et d'ExxonMobil. À elles seules, cent entreprises produisent 71 % des émissions de gaz à effet de serre. Ce n'est pas juste de faire peser cette responsabilité sur les individus.

Si tu étais un petit garçon, j'admirerais ton obsession de la justice.

Ne parlons plus de justice. Se centrer sur les individus est une démarche naïve comparée à tout ce qui doit être fait, et cela permet de tirer d'affaire les politiciens et les industriels.

Mais les entreprises produisent ce que nous achetons, les agriculteurs font pousser ce que nous mangeons. C'est en notre nom qu'ils commettent leurs crimes. Par-dessus le marché, pendant qu'un certain nombre de gens décrivent le dérèglement climatique comme un problème de nations et de multinationales, personne ne semble avoir de projets pour promouvoir des changements de politique parmi les nations et les grandes entreprises. Accuser les méchants, ce n'est pas plus efficace que manifester avec les bons.

« Il faut faire quelque chose. » On dirait que cette phrase est sur les lèvres de tout le monde ces temps-ci, c'est le slogan non déclaré de notre époque. Et pourtant presque personne ne fait rien à part réitérer la nécessité de faire quelque chose. Soit nous ne savons pas que faire, soit nous ne voulons pas le faire. Et donc à la place, nous titubons sur le champ de bataille, en tirant une cartouche à blanc après l'autre sans même viser une cible en particulier : quelque chose, quelque chose, quelque chose...

Pourtant il y a bel et bien quelque chose que nous pouvons faire. Choisir de consommer moins de produits d'origine animale est sans doute l'action la plus importante que peut entamer un individu pour renverser le réchauffement de la planète – cela a un effet connu et significatif sur l'environnement et, prise collectivement, cette décision pourrait transformer la culture et le marché avec plus de force qu'aucune manifestation.

Tu as trouvé, on dirait.

Je ne sais pas

Qu'est-ce que tu ne sais pas ?

Le processus même d'écrire ce livre m'a déjà transformé et je peux m'imaginer donner des interviews écrites ou radiophoniques, rédiger des chroniques, donner des conférences dans les villes du monde entier ; je m'imagine en train de voler ce plaisir d'avoir fait ce qu'il faut, puis rentrer à mon hôtel à l'issue d'un débat public ou un autre, et manger un hamburger après avoir refermé la porte – encore un plaisir volé. Tu crois qu'il existe quelque chose de plus pitoyable ?

L'image n'est pas très flatteuse, c'est vrai. Mais je peux imaginer un certain nombre de scénarios plus pitoyables encore – par exemple que tu ne t'intéresses même pas à la vérité, que tu aies trop peur de l'apprendre. Que tu saches la vérité mais qu'elle te laisse indifférent, ou que tu ne fasses aucun effort en réaction. Ou encore que tu essaies mais que tu n'éprouves aucun remords si tu échouais.

Ça m'a toujours rendu dingue qu'un de mes amis – écrivain lui aussi et, en prime, écologiste passionné – ait refusé de lire *Faut-il manger les animaux ?*. Ça m'exaspère parce que c'est un homme sensible et intelligent qui s'intéresse à la préservation de la nature et qui écrit à ce sujet. Si même lui n'est pas désireux d'apprendre quelque chose sur les liens entre l'alimentation et l'environnement, quel espoir y a-t-il que des centaines de millions de personnes acceptent de modifier les habitudes qu'elles ont depuis toujours ? *Pourquoi refuse-t-il de le lire ?*

Il m'a dit qu'il avait peur, parce qu'il sait que ce livre exigera de lui un changement auquel il n'est pas prêt.

Félicitations, tu vaux plus cher que ton ami. Souligner cette défaillance a dû apaiser ta culpabilité quant à la tienne. Et pendant que nous en sommes au sujet de ton narcissisme, pourquoi as-tu introduit l'idée de ta conduite « pitoyable » ?

Je me suis servi de ses faiblesses pour illustrer les miennes : si je lutte contre la consommation des produits d'origine animale tout en continuant d'en manger moi-même, alors je suis un fieffé hypocrite.

Pourquoi est-ce important de le dire ?

Personne n'aime penser qu'il est hypocrite.

Alors tu n'as qu'à être parfait à la place.

Ne me fais pas ce coup-là.

Lequel ?

Minimiser la douleur sincère qu'il y a à essayer de faire ce qui est juste.

Ne me fais pas ce coup-là.

Lequel ?

Celui de rendre des émotions plus importantes que la destruction de la planète.

Nos émotions – ou notre indifférence – sont précisément ce qui détruit la planète

Sans aucun doute. Tu ne veux pas renoncer à tes hamburgers, aux expéditions en voiture jusqu'à l'épicerie, aux vols transatlantiques, à l'électricité bon marché. Tu n'es pas prêt à gâcher la fête, ou à laisser penser que tu es un raseur ou, pire encore, un salaud. On ne fait pas quelque chose pour la seule raison qu'on en a envie. Mais comme d'habitude, il te faut protéger ton petit confort, donc tu dois te convaincre que savoir – écrire un livre sur le sujet – c'est déjà faire quelque chose.

Et donc… Tu n'es pas très optimiste ?

Tu es parfaitement capable de faire des choses que tu n'as pas envie de faire spontanément et de t'interdire d'en faire d'autres que tu voudrais faire. Il ne s'agit pas d'être Gandhi mais de devenir adulte.

Là encore, ça n'est vraiment pas juste.

C'est une fois de plus un enfant qui parle. Est-ce que tu sais pourquoi les autruches se cachent la tête dans le sable ?

Parce qu'elles croient que personne ne les voit si elles ne voient personne.

Un peu bêtes, n'est-ce pas ? Sauf qu'en fait, les autruches n'enfouissent pas la tête dans le sable. Elles cachent leurs œufs pour les maintenir au chaud et les protéger, et de temps à autre elles enfoncent la tête dans le sable pour les retourner. Les êtres humains regardent les autruches en train de s'occuper de leurs rejetons et ils prennent cela pour de la stupidité, mais c'est nous qui sommes les animaux qui croyons que le monde devient noir quand nous fermons les yeux. Confondre l'évitement et la sécurité se trouve être une des façons les plus efficaces de tuer notre descendance. De même que confondre le savoir et l'action. Personne ne veut être un hypocrite, mais vaut-il vraiment mieux cligner des paupières de temps à autre plutôt que de fermer complètement les yeux ? La mesure essentielle n'est pas la distance qui nous sépare d'une perfection inaccessible mais d'une inaction impardonnable.

Je ne sais pas.

Laisse-moi te poser une question : quel est le contraire d'un type qui laisse les lumières allumées dans des pièces vides, qui achète des appareils électroménagers inutiles et qui fait fonctionner la climatisation même quand personne n'est à la maison ?

Quelqu'un qui est attentif au gaspillage de l'énergie ?

Et quel est le contraire d'un type qui prend sa voiture pour aller partout, quelle que soit la distance, même quand il existe des transports publics parfaitement adaptés ?

Une personne attentive au nombre de kilomètres parcourus ?

Quel est le contraire d'un type qui mange de la viande, des produits laitiers et des œufs ?

Un végan.

Non, le contraire d'une personne qui mange beaucoup de produits d'origine animale, c'est quelqu'un qui fait attention à la fréquence à laquelle il en consomme. La meilleure façon d'éviter de se confronter à un défi, c'est de prétendre qu'il n'y a qu'une seule solution de rechange.

Tu as écrit sur la réaction de Frankfurter comme s'il n'avait que deux réponses possibles. Peut-être qu'effectivement croire, c'est une affaire de tout ou rien, mais qu'en est-il de l'action ? Frankfurter n'aurait-il pas pu faire quelque chose avec ce qu'il savait être vrai ? Il n'allait peut-être pas faire la grève de la faim devant la Maison-Blanche, et mourir à petit feu sous les yeux du monde. Mais il aurait certainement pu rassembler un groupe de personnages importants pour entendre ce que Karski avait à dire, pousser le Congrès à lancer une enquête officielle sur les atrocités allemandes, ou bien simplement utiliser sa propre voix pour poser cette question urgente.

Il est facile d'imaginer son combat intérieur pour croire Karski durant cette rencontre, mais qu'en est-il du moment, rien que deux ans plus tard, où il a découvert les premières images des camps de la mort ? Penses-tu qu'il a cru ce qu'il voyait alors ? Et quand il a plongé le regard dans les yeux enfoncés de ces mères et de ces pères à demi morts de faim, les empilements des cadavres de leurs fils et de leurs filles ? Quand le magistrat de la Cour suprême s'est jugé lui-même, crois-tu qu'il s'est senti complice du génocide, ou qu'il s'est seulement trouvé pitoyable ?

Ce n'est pas juste.

C'est sans doute ce que dirait le petit-fils de Frankfurter. Dans un moment de crise, on ne peut attendre de quelqu'un qu'une réaction limitée. Mais toi, tu es le petit-fils d'une survivante de la Shoah dont les sœurs ont été violées et assassinées, dont les parents ont été abattus alors qu'ils tenaient leurs bébés dans les bras, dont les grands-parents ont été brûlés vifs. Que crois-tu qu'il serait juste d'attendre de Frankfurter ?

Mais les gens ont leurs limites. Ils ne les choisissent pas, ce n'est pas leur faute, même si l'histoire les juge avec sévérité.

Je ne sais pas.

Qu'est-ce que tu ne sais pas ?

Peut-être sous-estimons-nous certaines limites et surévaluons-nous un certain nombre d'actions. L'homme qui a soulevé la voiture pour dégager le cycliste coincé a dépassé ses propres limites physiques. Mais ensuite quand il est rentré chez lui, a-t-il fait campagne pour obtenir des pistes cyclables et davantage de feux tricolores ? Parce que les cyclistes qui se font tuer par des automobiles est un problème systémique, il ne peut pas être réglé par des actes individuels de force extrême. Est-il juste de demander s'il en a fait assez ?

Non, ce n'est pas juste, parce qu'il…

Karski en a-t-il fait assez ? Tu as fait tourner ton récit autour de l'incrédulité de Frankfurter, mais qu'en est-il des limites de Karski ? Il est reparti sans obtenir de garantie que quelque chose avait été décidé pour sauver les Juifs. Il n'a pas refusé de manger et de boire, et il ne s'est pas laissé mourir devant le bureau du juge. Est-il juste pour nous de le juger ? Qu'en est-il de ceux dont la propre vie et la vie de leurs enfants dépendaient du succès de sa mission ? Aurait-il été juste pour eux de juger ?

Il s'était déguisé en Juif – il a porté un brassard jaune et une étoile de David pour réussir à pénétrer dans le ghetto de Varsovie et y recueillir des informations sur ce qu'il s'y passait. Il s'est infiltré dans un camp de la mort nazi pour que le monde sache la vérité. Oui, il en a fait assez.

Et ta grand-mère ?

Je suis sûr qu'elle serait d'accord.

Ce n'est pas ce que je veux dire. Il paraît cruel et même pervers de se demander si ta grand-mère en a fait assez...

Alors ne pose pas la question.

Mais en a-t-elle fait assez ?

Arrête !

Elle s'est enfuie de son shtetl parce qu'elle savait qu' « il fallait faire quelque chose ». Elle savait. Sa sœur l'a suivie sur le seuil, elle a donné à ta grand-mère son unique paire de chaussures en disant : « Tu as de la chance de partir. » Une façon de demander : « Emmène-moi avec toi. » Peut-être sa cadette était-elle trop jeune pour faire ce voyage et aurait-elle causé leur perte. Peut-être ta grand-mère croyait-elle à ce moment-là beaucoup moins de choses que ce que nous supposons aujourd'hui qu'elle en croyait. Mais tu rêves d'aller de maison en maison dans son shtetl, de prendre par les joues ceux qui voulaient rester, en criant : « Il faut faire quelque chose. » Pourquoi ta grand-mère ne les a-t-elle pas saisis elle-même par les joues ?

Parce que c'est trop demander à quelqu'un.

Je suis d'accord. C'est trop demander.

Alors pourquoi posais-tu la question ?

Parce que, précisément, se mettre d'accord sur ce qu'on ne peut pas exiger de quelqu'un me fait penser à ce qu'on peut lui demander. Nous sommes peut-être en désaccord sur ce que Frankfurter aurait pu faire, mais nous nous rejoignons sur le fait qu'il aurait pu en faire plus.

Oui.

Maintenant imagine-toi en train de manger un hamburger après avoir refermé la porte de ta chambre d'hôtel.

Je me sens ridicule de…

Cesse de me dire ce que tu ressens. Dis-moi ce que tu peux faire.

Bien sûr, je peux manger moins de produits d'origine animale, et bien sûr la peur que j'ai de ma propre incohérence ne doit pas m'empêcher d'essayer. En ce moment, je me sens vraiment optimiste, mais…

Cesse de dire ce que tu ressens.

Mais c'est parce que nous parlons. Pour ce qui est du trauma historique et dans le contexte de ce type de profonds questionnements, mon besoin et ma capacité d'opérer de petits changements quotidiens ne pourraient pas être plus clairs. Toutefois, je sais ce qui va arriver : le temps passant, je vais perdre mes points de référence, je vais cesser d'évaluer mes sacrifices à l'aune de la catastrophe planétaire et je recommencerai à comparer ma vie avec ce qu'elle pourrait être. Et malgré tout ce que je sais et tout ce que je veux, je me retrouverai à la case départ.

Ne fais pas ça.

Quoi ? Baisser les bras ?

Insister sur l'optimisme nécessaire.

C'est pourtant motivant.

Oui, les jours où on se sent optimiste. Mais à moins que tu ne sois ignorant ou que tu ne te berces d'illusions sur le changement de climat, la plupart du temps, tu ne te sentiras pas optimiste, alors quoi ? Comment feras-tu alors ? Si l'espoir est ta motivation première, ce sera un peu comme ramer sur un bateau à voile dans la zone des calmes équatoriaux – tu regarderas la voile affaissée, en attendant qu'elle se gonfle et qu'elle te soulage de ce qui t'apparaît comme une tâche trop dure à accomplir. L'arche de Noé n'avait pas de voile ; la nôtre non plus. Savoir que ni rien ni personne ne nous aidera rend l'effort plus facile.

Je ne suis pas sûr d'avoir l'énergie nécessaire. Il ne s'agit pas seulement de ramer, mais de ramer à contre-courant. Je songe aux milliers de petits déjeuners et de déjeuners qui m'attendent, à la conscience qu'il me faudra garder en éveil, à la résistance qu'il me faudra opposer à mes envies, aux tensions sociales qu'il faudra risquer.

Au lieu d'imaginer tous les repas qui t'attendent, concentre-toi sur le prochain. Ne renonce pas aux hamburgers pour tout le restant de tes jours. Contente-toi de commander quelque chose de différent. Il est difficile de changer les habitudes d'une vie entière, mais moins difficile de modifier un repas. Avec le temps, tu auras acquis de nouvelles habitudes alimentaires.

Alors pourquoi est-ce que manger végétarien n'est pas devenu plus facile au bout de trente ans ? Pourquoi est-ce même devenu plus difficile ? Depuis que j'ai décidé de ne plus en manger, j'ai davantage envie de viande que jamais auparavant.

Est-ce vraiment si affreux ?

Ça l'est quand je lutte contre l'envie.

Combien de fois as-tu mangé de la viande au cours des dix dernières années ?

Je ne sais pas. Une vingtaine de fois ?

C'est plus que ce que tu laissais entendre un peu avant dans ce livre.

C'était un échauffement.

Disons que tu as mangé de la viande une centaine de fois.

C'est faux.

OK, disons que tu en as mangé deux cents fois. Au cours des derniers dix mille neuf cent cinquante repas, tu as failli deux cents fois. Tu as été victorieux neuf cent quatre-vingt-deux fois.

Je suis loin d'avoir mangé de la viande deux cents fois.

Tu demandes pourquoi ce n'est pas devenu plus facile, moi je demande ce qui précisément a rendu les choses si faciles.

Te parler.

C'est comme cette première lettre de suicide, « Discussion avec son âme... ». Sauf que nous devons nous assurer que cette conversation ne se terminera jamais.

Mais moi je veux qu'elle finisse. Je souhaite enterrer tout ça, comme j'ai enterré les décisions de n'assassiner personne, de ne pas voler, de ne pas jeter de papiers par terre. Certaines personnes se convertissent au véganisme et ne font jamais marche arrière. Pour certains, cela semble aussi simple que de décider de ne pas devenir un pyromane – la chose qu'il convient de faire est si évidente qu'il n'y a pas besoin de réfléchir et encore moins de lutter. Mais pour ce qui est de l'alimentation, je me retrouve toujours à la case départ.

Tu sais ce qu'on raconte sur les requins ?

Tu veux dire sur la façon dont ils ne doivent jamais s'arrêter de nager sous peine de mourir ?

Sauf que ce n'est vrai que pour une certaine espèce de requins. La plupart d'entre eux n'ont pas besoin de nager pour respirer.

J'avais tort sur les autruches, j'ai tort sur les requins.

Mais peut-être ne fais-tu pas partie de « la plupart des requins ». Peut-être certaines personnes trouveront-elles facile de manger moins de produits d'origine animale et même de devenir véganes. Elles n'auront plus besoin d'y repenser de leur vie. Tu dois accepter que ton cerveau et ton cœur ne sont pas faits de cette façon. Je suis prêt à parier que la majorité des humains ne fait pas non plus partie de « la plupart des requins ».

Alors, que dois-je faire si je me retrouve à la case départ ? J'ouvre un document Word et je te décris à quel point je me sens pitoyable ?

Non, il te faut seulement comprendre que te retrouver à la case départ n'est pas une régression. Te retrouver quelque part, c'est déjà une bonne chose en soi – cela veut dire que tu as conscience de ce que tu fais. Si, au milieu d'un marathon, tu songeais soudain qu'il te reste encore quarante kilomètres à courir, tu prendrais probablement la décision d'abandonner. Mais le point de départ n'est-il pas déjà loin derrière, au moment où la décision de courir ce marathon a été prise avec détermination et une certaine joie ? C'est la raison pour laquelle les gens renouvellent leurs vœux : pour revisiter les fondations de leur mariage. Il faut trouver un équilibre, parce que nous avons besoin de faire un certain nombre de choses, même si nous n'avons pas envie de les faire – nous ne pouvons pas attendre d'éprouver exactement les sentiments nécessaires. Mais parfois, se rappeler pourquoi nous nous sommes sentis concernés peut être motivant. Quel est le fondement de ton engagement dans le cas qui nous occupe ?

Que veux-tu dire ?

Y a-t-il une idée, peut-être même une phrase, sur laquelle s'est fondé ton engagement ?

Notre planète est une ferme.

Explique-moi.

J'ai écrit des dizaines de milliers de mots pour te l'expliquer.

Dis-le-moi encore. Redire est aussi important que la chose qu'on dit.

Nous n'avons pas compris ce qu'est notre planète, et donc nous ne savons pas comment la sauver.

Développe. Nous avons tout notre temps.

Notre façon de nous laisser obnubiler par les énergies fossiles nous conduit à représenter visuellement la crise planétaire sous forme de cheminées de hauts-fourneaux et d'ours polaires. Ce n'est pas que ces choses soient sans importance, mais en tant que mascottes de notre crise, elles nous ont donné l'impression que notre planète est une usine et que les animaux les plus concernés par le *dérèglement* climatique sont sauvages et loin de nous. Non que cette idée soit fausse, mais de façon désastreuse, elle est contre-productive. Nous n'aborderons jamais sérieusement la question du dérèglement climatique, nous ne sauverons jamais notre « maison », tant que nous n'aurons pas accepté que notre planète est une ferme. Cette rectification est mon point de départ.

Je croyais que si nous échouions à lutter contre le dérèglement climatique c'était à cause du déni.

Cette idée représente une forme de déni encore plus insidieuse que le déni auquel elle renvoie.

Explique-moi.

Mais tu le sais déjà.

Redis-le-moi.

Elle crée un clivage entre ceux qui acceptent la science et ceux qui la refusent.

Mais ce clivage est bien réel, non ?

Tout à la fois réel mais insignifiant. La seule dichotomie qui compte est celle qui sépare ceux qui agissent de ceux qui ne font rien. Frankfurter avait dit à Karski : « Je ne crois pas à ce que vous m'avez raconté. » Mais imagine que ça se soit passé différemment. Imagine qu'il ait dit : « Je vous crois. » Imagine qu'il se soit engagé à faire tout ce qu'il pouvait pour sauver les Juifs d'Europe : rassembler un groupe de personnages importants pour entendre ce que Karski avait à dire, pousser le Congrès à lancer une enquête officielle sur les atrocités nazies, utiliser sa propre voix pour poser publiquement cette question urgente. Et davantage encore.

L'idée est plutôt séduisante.

Mais ensuite, après avoir promis tout ça et même profité de l'aura éthique que cela lui conférait, imagine qu'il n'ait rien fait. Ni rassemblement, ni incitation à agir, ni déclaration publique. Pire encore, il aurait même refusé de participer à l'effort de guerre à l'intérieur du pays ; il se serait empiffré de nourriture rationnée, aurait conduit autant et aussi vite qu'il aurait voulu, aurait vécu dans la seule maison de la rue dont les lumières seraient restées allumées toute la nuit. Sachant tout cela, est-ce que ce serait vraiment important de savoir comment il a répondu à un sondage en 1943 où on questionnait les personnes interrogées sur leur attitude face à la guerre en Europe ?

Au moins Karski serait reparti avec un espoir…

Nous exagérons dramatiquement le rôle de ceux qui refusent les conclusions de la science parce que cela permet à ceux qui les acceptent de se sentir en paix avec eux-mêmes, sans pour autant nous mettre au défi d'agir en utilisant le savoir que nous avons intégré. Seuls 14 % des Américains nient le réchauffement planétaire, ce qui représente un pourcentage significativement plus bas que ceux qui refusent la théorie de l'évolution ou qui nient le fait que la Terre tourne autour du Soleil. 69 % des électeurs américains – y compris la majorité des Républicains – pensent que les États-Unis auraient dû rester dans l'Accord de Paris sur le climat. La rhétorique et la vision générale ont sans doute été mises au point par la gauche, mais il n'y a rien de plus conservateur que l'autopréservation.

Comment expliques-tu tous ces gens qui ne nient pas que la planète est en danger et qui pourtant ne s'alarment pas de ce même danger ?

Je dirais probablement qu'ils sont stupides ou foncièrement mauvais, si je ne faisais pas partie du lot.

Tu ne t'alarmes pas ?

Je le voudrais, mais ce n'est pas vrai. Je dis que oui mais c'est faux. Et alors que la situation devient toujours plus inquiétante ma capacité à faire comme si l'urgence n'existait pas augmente elle aussi.

Comment tu le comprends ?

Je ne sais pas.

Essaie.

Les êtres humains sont des créatures étonnamment adaptables.

Un peu boiteux comme explication, non ?

C'est vrai.

Essaie encore.

Nous…

Ne te réfugie pas derrière les autres. Parle-moi de toi.

Ma stratégie, quand j'ai écrit « Comment prévenir l'extinction » – les seules pages de ce livre qui donnent des informations lourdes –, était de rester aussi attentif que possible à mes propres réactions, plutôt que d'imiter le style journalistique des articles et des ouvrages que j'avais lus pendant mes recherches, dont aucun – aussi pénétrants, bien écrits et vitaux qu'ils soient – n'avait su me pousser à *faire quelque chose.* J'étais prêt à sacrifier l'exhaustivité, et même un certain professionnalisme, au profit de choix formels qui me motiveraient.

Est-ce que ça a marché ?

Je me suis définitivement convaincu.

Et ça ne te satisfait pas ?

Je me suis convaincu de ce dont j'étais déjà convaincu, et je n'ai rien changé à ma vie en conséquence.

Alors peut-être ne vaux-tu pas mieux que ton ami : tu as écrit un livre auquel tu ne crois pas, et lui refuse de le lire parce qu'il y croit.

C'est vraiment une honte que, à la place d'une minorité d'athées climatiques, nous ayons une majorité d'agnostiques climatiques.

Mais tu as dit que la plupart des Américains voulaient que les États-Unis restent dans l'Accord de Paris, non ?

Ils ont donné cette réponse en réaction à la question posée. J'aurais fait pareil. Il est trop dommage que de telles opinions soient l'équivalent de selfies plutôt que de réservoirs de carbone.

Et donc... Tu n'es pas optimiste ?

Non. Je connais trop de gens intelligents et concernés – je ne parle pas de ceux qui défendent des causes par narcissisme, mais de gens respectables, qui donnent de leur temps, de leur argent, et de leur énergie pour améliorer le monde – qui jamais ne modifieraient leur régime alimentaire, aussi persuadés qu'ils soient du bien-fondé de ce changement.

Ces gens intelligents et concernés, comment expliquent-ils leur refus de manger différemment ?

Personne ne le leur a jamais demandé.

Mais si on le leur demandait ?

Ils diraient peut-être que l'élevage est un système qui présente de nombreux désavantages, mais qu'il faut bien que les gens mangent, et que les produits d'origine animale sont meilleur marché aujourd'hui qu'ils ne l'ont jamais été.

Et que leur répondrais-tu ?

Je dirais que oui, il nous faut manger, mais que rien ne nous oblige à manger des produits d'origine animale – nous sommes assurément en meilleure santé quand les végétaux constituent l'essentiel de notre régime alimentaire – et que, clairement, rien ne nous oblige à en consommer dans des quantités sans précédent au cours de l'histoire, comme nous le faisons aujourd'hui. Mais il est vrai que c'est une question de justice économique ; nous devrions en parler en ces termes, plutôt qu'utiliser l'inégalité comme un moyen d'éviter de parler d'inégalité.

Les 10 % les plus riches de la population du monde sont responsables de la moitié des émissions de carbone ; la moitié la plus pauvre, de 10 %. Et ceux qui sont les moins responsables du dérèglement climatique sont souvent ceux qui en pâtissent le plus. Pense au Bangladesh, le pays généralement considéré comme le plus vulnérable aux changements climatiques. On a estimé que six millions de Bangladais ont déjà été forcés au déplacement à cause des catastrophes environnementales telles que les ondes de tempêtes, les cyclones tropicaux, les sécheresses, les inondations, et que plusieurs millions encore seront poussés à l'exil dans les années à venir. L'élévation du niveau des mers escomptée pourrait submerger un tiers du pays, déracinant entre vingt-cinq et trente millions d'individus.

Ces chiffres peuvent très bien ne susciter aucune émotion. Chaque année, le World Happiness Report dresse la liste des cinquante pays les plus heureux au monde sur la base de réponses à un questionnaire où les personnes interrogées évaluent leur qualité de vie, depuis « la meilleure possible » à « la pire possible ». En 2018, l'enquête a placé la Finlande, la Norvège et le Danemark en tête du classement. Quand les chiffres ont paru, ils ont envahi les ondes de la Radio publique nationale (NPR) pendant deux jours, et on en entendait parler dans toutes les conversations. La population totale de la Scandinavie représente approximativement la moitié du nombre de réfugiés climatiques escompté au Bangladesh. Mais ces trente millions de Bangladais, menacés de la pire vie possible, ne rencontrent aucun succès médiatique.

Le Bangladesh a l'une des empreintes carbone les moins importantes au monde, ce qui signifie qu'il est le moins coupable de la plupart des catastrophes qui l'affectent. Le Bangladais est en moyenne responsable d'émissions correspondant à 0,29 million de tonnes d'équivalent carbone par an, alors que le Finlandais est responsable de trente-huit fois plus : 11,15 millions de tonnes. Il se trouve que le Bangladesh est aussi l'un des pays les plus végétariens au monde : il s'y consomme en moyenne quatre kilos de viande par an et par habitant. En 2018, le Finlandais moyen consommait allègrement cette même quantité sur une période de dix-huit jours – sans compter les produits de la mer.

Des millions de Bangladais font donc les frais d'un mode de vie opulent qu'ils n'ont jamais connu. Imagine que tu n'aies jamais touché à une cigarette de ta vie mais qu'on te force à payer les frais de santé d'un gros fumeur de l'autre côté de la planète. Imagine que ce fumeur reste en bonne santé et au sommet du classement des records de bonheur – consommant chaque année toujours plus de cigarettes pour satisfaire son addiction – tandis que tu te retrouverais avec un cancer du poumon.

À l'échelle du monde, plus de huit cents millions d'individus sont sous-alimentés, tandis que près de six cent cinquante millions sont obèses. Plus de cent cinquante millions d'enfants de moins de cinq ans sont rachitiques pour cause de malnutrition. Voilà encore un chiffre qui demande qu'on s'y arrête. Imaginons un instant que tous les habitants du Royaume-Uni et de la France réunis aient moins de cinq ans et qu'ils n'aient pas suffisamment à manger pour grandir correctement. Trois millions d'enfants de moins de cinq ans meurent de malnutrition chaque année. Un million et demi d'enfants sont morts durant la Shoah.

Les terres qui pourraient alimenter les populations affamées sont à la place réservées au bétail destiné à engraisser des populations déjà suralimentées. Quand on pense au gâchis de nourriture, il nous faut cesser de nous représenter des repas à moitié terminés, et à la place, nous concentrer sur les déchets qu'implique le transport des aliments jusqu'à notre assiette. Vingt-six calories peuvent être nécessaires pour nourrir un animal afin de produire une seule calorie de viande. Jean Ziegler, ex-rapporteur spécial auprès de l'ONU sur la question du droit à l'alimentation dans le monde, a écrit que transformer cent millions de tonnes de céréales en biocarburants était « un crime contre l'humanité » dans un monde où presque un milliard d'individus meurent de faim. On pourrait parler de ce crime comme d'un « meurtre avec préméditation ». Ce qu'il a omis de dire, c'est que chaque année, l'élevage engloutit plus de sept fois cette quantité de céréales – assez pour nourrir tous ceux qui ont faim sur Terre – dans l'alimentation d'animaux que consommeront ensuite les habitants des pays riches. Ce crime-là pourrait s'appeler « génocide ». Alors non, l'élevage industriel ne « nourrit » pas « le monde ». L'élevage industriel l'affame en le détruisant.

Je suppose que cette argumentation est décisive.

Il existe toutefois un raisonnement parallèle que j'entends souvent selon lequel les régimes alimentaires à base de végétaux seraient élitistes.

Comment cela, élitistes ?

Tout le monde n'a pas les moyens de renoncer aux produits d'origine animale. Vingt-trois millions et demi d'Américains vivent dans des déserts alimentaires et presque la moitié d'entre eux ont de faibles revenus. Personne ne soutiendrait l'idée que les pauvres devraient payer pour le comportement des riches sous la forme d'inondations, de famines et tout le reste. Mais comment peut-on leur demander d'acheter des produits onéreux ?

Alors ?

Il est vrai qu'un régime sain est plus cher que l'inverse – environ 550 dollars de plus par an. Et assurément, tout le monde devrait, de plein droit, avoir accès à une nourriture saine et abordable. Mais un régime végétarien sain coûte en moyenne à peu près 750 dollars de moins par an qu'une alimentation saine à base de viande – pour remettre les choses en perspective, le revenu annuel moyen d'un ouvrier américain à plein temps est de 31 099 dollars – ; en d'autres termes, il revient à environ 200 dollars de moins par an d'avoir recours à un régime végétarien sain qu'à un régime traditionnel malsain. Sans parler de l'argent économisé pour la prévention du diabète, de l'hypertension, des maladies cardiaques, du cancer – autant de maladies associées à la consommation de produits d'origine animale. Donc non, il n'est pas élitiste de suggérer qu'un régime écologique, moins cher, plus sain, est meilleur. Ce qui me semble très élitiste en revanche, c'est le comportement de quelqu'un qui utilise l'existence de ceux qui n'ont pas accès à de la nourriture saine comme une excuse pour ne pas changer, plutôt que comme une motivation à leur venir en aide.

Encore quelques contre-arguments ?

Que dire des millions d'agriculteurs qui perdraient leur travail ?

Effectivement, qu'en est-il ?

Il y a moins d'agriculteurs américains aujourd'hui qu'il y en avait pendant la guerre de Sécession, même si la population américaine a été multipliée environ par onze. Et si le projet ultime de l'élevage industriel généralisé voit le jour, il n'y aura plus d'agriculteurs du tout, parce que toutes les « fermes seront entièrement automatisées ». J'ai été heureux et surpris de découvrir que les éleveurs étaient les plus chaleureux partisans de *Faut-il manger les animaux ?* – ils méprisent l'élevage industriel tout autant que les défenseurs des droits des animaux, même si leurs raisons sont différentes.

La crise planétaire va rendre plus difficile et plus coûteux d'élever du bétail, tant les sécheresses réduisent le rendement et tant les catastrophes météorologiques – ouragans, incendies de forêts, vagues de chaleur – tuent les animaux de ferme. Le dérèglement climatique occasionne déjà de grandes pertes pour les éleveurs du monde entier. Au bout du compte, les transitions vers les énergies renouvelables, l'alimentation à base de plantes, et les méthodes d'agriculture raisonnée créeront plus d'emplois qu'elles n'en élimineront. Ces transitions sauveront également la planète, et on se demande ce que signifierait sauver les agriculteurs sans sauver la planète ?

Quoi d'autre ?

Tous les produits d'origine animale ne sont pas mauvais pour l'environnement…

Du pipeau, parce que…

Non, ce n'est pas du pipeau. Il est entièrement possible d'élever un nombre relativement restreint d'animaux avec des méthodes respectueuses de l'environnement. C'est ce que les agriculteurs faisaient avant l'avènement de la ferme industrielle. Il est aussi possible de fumer sans mettre en danger sa santé. Une seule cigarette n'aura aucun effet.

D'accord, mais qui se contente d'une seule cigarette ?

Ceux qui ont détesté l'expérience, ou ceux qui, avec intelligence, s'arrêtent avant d'être pris au piège de l'accoutumance. Il y a en revanche extrêmement peu de mangeurs qui détestent la viande, les produits laitiers et les œufs. La plupart des gens – dont moi – aimons ces aliments. Et donc naturellement, nous souhaitons en manger davantage. J'ai compris qu'il ne fallait pas mais je trouve souvent mes envies trop fortes pour être endiguées. Comme la plupart des Américains, j'ai grandi en consommant ces aliments, et donc je n'ai pas eu la chance de pouvoir me sevrer avant d'en être dépendant.

Mais généralement, les produits d'origine animale sont mauvais pour l'environnement ?

Plus que généralement, et plus que mauvais. D'après l'ONU, l'élevage est « l'un des deux ou trois facteurs les plus importants dans les problèmes environnementaux les plus graves, à tous les niveaux, du local au mondial […] Il devrait susciter des réflexions politiques majeures sur toutes les questions écologiques : dégradation des terres, dérèglement climatique, pollution de l'air, diminution des ressources en eau potable, pollution des rivières, et perte de biodiversité. La contribution du bétail aux problèmes environnementaux est absolument massive ».

Alors pourquoi insiste-t-il sur les exceptions qui confirment la règle ?

Parce qu'il est extrêmement tentant de simplifier plus qu'il ne faudrait une question d'une grande complexité scientifique et psychologique : choisir au hasard les statistiques qui nous arrangent, rejeter les sentiments « illogiques », laisser de côté les cas marginaux. Et alors qu'il est déjà si difficile de prendre à cœur l'importance de l'alimentation – quand bien même les gens intelligents et concernés cherchent des échappatoires pour garder intact leur style de vie –, les inexactitudes peuvent équivaloir à des malhonnêtetés. C'est là encore un contre-argument, d'ailleurs : les chiffres sont vagues au point de ne pas être dignes de foi. J'ai rapporté les chiffres de la part de l'élevage dans les émissions de gaz à effet de serre : 14,5 %. J'ai aussi cité une autre source qui donne 51 %. L'estimation la plus basse n'était pas fournie par Tyson Foods, le premier exportateur de bœuf américain, et l'estimation haute n'était pas le fait de PETA, une association qui milite pour les droits des animaux. C'est incontestablement le chiffre le plus important de toutes les statistiques concernant le dérèglement climatique, et on constate une différence de 1 à 3 points entre les estimations. Si je ne parviens pas être plus précis, qui pourrait me faire confiance ?

Pourquoi le devraient-ils ?

Je peux me montrer plus précis. Dans l'appendice, je présente la méthodologie qui informe ces chiffres et j'explique pourquoi je crois que 51 % est plus près de la vérité. Mais les systèmes en question sont complexes et tous liés entre eux ; les quantifier exige d'avancer des hypothèses significatives. Même les scientifiques les plus politiquement neutres font face à ce défi.

Prenons par exemple le passage à la voiture électrique. Comment prenons-nous en compte la propreté relative du réseau électrique qui alimente les véhicules ? En Chine, le charbon génère 47 % de l'électricité ; adopter la voiture électrique serait une catastrophe pour le climat. Comment prenons-nous en compte le fait qu'il faut environ deux fois plus d'énergie pour fabriquer une voiture électrique qu'une automobile conventionnelle ? Et qu'en est-il des autres formes de dommages écologiques, comme l'exploitation de minerais rares pour les batteries, un processus intensément énergivore qui ne peut utiliser que 0,2 % de tout ce qui est extrait du sol – alors que les 99,8 % restants désormais contaminés et toxiques sont rejetés comme des déchets non traités ?

Il est dangereux de prétendre en savoir plus que ce que nous savons. Mais il est encore plus dangereux de prétendre que nous en savons moins. La différence entre 14,5 % et 51 % est énorme, mais même en choisissant l'estimation la plus basse, il est absolument clair que, si nous voulons mettre fin au réchauffement climatique, nous ne pouvons pas ne pas prendre en compte les produits d'origine animale.

Frankfurter avait demandé à Karski la hauteur du mur du ghetto de Varsovie. Si Karski avait répondu que celui-ci mesurait entre 2,40 et 8 mètres, cela aurait-il fait la moindre différence ? Pour les Juifs incapables de l'escalader ? Pour Frankfurter alors qu'il réfléchissait à leur sort ? Pour nous, au moment où nous jugeons Frankfurter ?

Mais sans connaître la hauteur du mur, nous ne pouvons pas nous préparer à le franchir.

Différentes études suggèrent des modifications de régime alimentaire diverses pour répondre au dérèglement climatique, mais la fourchette est très claire. L'évaluation la plus exhaustive de l'impact de l'élevage industriel a été publiée dans le magazine *Nature* en octobre 2018. Après avoir analysé les différents systèmes de production alimentaire dans plusieurs pays de par le monde, les auteurs concluent que, tandis que les gens sous-alimentés vivant dans la pauvreté un peu partout sur le globe pourraient effectivement manger un peu plus de viande et de produits laitiers, à l'échelle du monde, le citoyen lambda a besoin de passer à un régime à base de plantes pour éviter les dommages environnementaux catastrophiques et irréversibles. En moyenne, les habitants des États-Unis et du Royaume-Uni devraient baisser leur consommation de bœuf de 90 %, et de 60 % celle de produits laitiers.

Comment pouvons-nous nous en assurer ?

Aucun produit d'origine animale avant le dîner. Les réductions préconisées ne seraient pas exactement atteintes mais presque, et c'est facile à mémoriser.

Et facile à faire ?

Tout dépend de quelle sorte de requins nous parlons. Il serait hypocrite et contre-productif de prétendre que manger seulement des aliments à base de plantes avant le dîner ne demandera pas un certain effort. Mais je parie que, quand la plupart des gens pensent aux repas qu'ils ont préférés au cours des dernières années – les repas qui leur ont apporté le plus de plaisir gustatif et social, ceux qui ont eu la plus grande importance culturelle ou religieuse –, ce serait pratiquement dans tous les cas des dîners.

Il nous faut par ailleurs reconnaître que le changement est inévitable. Nous pouvons choisir de consentir à des modifications alimentaires, ou bien nous serons les victimes d'autres changements – immigration massive, maladies, conflits armés, diminution drastique de la qualité de vie –, mais il n'y aura pas d'avenir sans changement. Le luxe de choisir quel changement nous préférons a une date limite.

Et pour toi ?

Quoi ?

Le changement a-t-il été facile pour toi ?

Je me suis fixé la date butoir du moment où j'aurai fini ce livre pour renoncer aux produits laitiers et aux œufs.

C'est une blague ?

Pas du tout.

Tu veux dire que tu n'y as pas renoncé avant ?

Je n'ai même pas essayé.

Mais enfin, comment expliques-tu une chose pareille ?

Parce qu'il existe un contre-argument sur lequel je bute : tout cela n'est peut-être qu'un fantasme. Certes, un fantasme qui s'appuie sur la science, un fantasme éthique, un fantasme irréfutable. Mais un fantasme tout de même. Un grand nombre de gens ne vont pas changer leur façon de manger, certainement pas dans le temps qui nous est imparti. S'accrocher à un fantasme est tout aussi dangereux que rejeter un plan viable.

Alors, que réponds-tu à cela ?

Parce que je suis une preuve vivante de la validité de cette objection, je trouverai sans doute cela très difficile.

Essaie.

En vérité, je ne suis pas optimiste.

Bien. Maintenant explique-moi comment ce fantasme pourrait devenir un plan réalisable.

C'est difficile à imaginer.

Même si ça a très peu de chances de se produire.

Si ça finit par arriver, ce ne sera pas grâce à un seul et unique facteur. Faire ce qui doit être fait va exiger d'être inventif (comme créer des hamburgers végétariens qu'on ne pourra pas distinguer des hamburgers au bœuf), de nouvelles lois (comme réajuster les aides à l'agriculture et ne pas hésiter à faire payer un éleveur responsable pour les destructions environnementales qu'il provoque), des prises de position de la base (comme les étudiants exigeant des cafétérias sur les campus qu'elles ne servent pas de produits d'origine animale avant le dîner), mais aussi un engagement du haut du panier (comme des célébrités diffusant le message que nous ne pourrons pas sauver la planète sans modifier notre façon de nous alimenter), et…

Tu veux dire que personne en particulier ne pourra renverser le dérèglement climatique ? Que tout le monde doit s'en charger ?

Exactement.

Aide-moi à comprendre comment.

Honnêtement je ne le vois pas clairement.

Tu es désespérant.

Seulement réaliste.

Et même si tu penses que je le sais déjà, rappelle-moi pourquoi il est réaliste d'être désespéré ?

Tu veux rire ?

Dis-le-moi.

À cause des destructions que nous avons déjà provoquées, soit qu'elles puissent être réparées soit qu'elles ne puissent pas l'être. Parce que, en un an seulement, les bûcherons ont détruit en Amazonie des forêts d'une superficie cinq fois supérieure à celle de Londres, un écosystème qui met quatre mille ans à se régénérer.

Parce qu'il sera difficile de transformer des modes de vie avec 7,5 milliards de gens qui appuient sur la pédale de l'accélérateur. Parce que les émissions de CO_2 aux États-Unis ont augmenté de 3,4 % en 2018. À cause de l'imprécision de calculs qui dépendent précisément de leur exactitude – une variation d'un demi-degré pourrait faire toute la différence. À cause du désir compréhensible des pays en voie de développement d'imiter les nations qui sont les plus responsables du réchauffement climatique. Parce que, au fur et à mesure qu'il fait plus chaud, on utilisera davantage la climatisation, ce qui produira encore plus de gaz à effet de serre. À cause des milliers d'autres boucles de rétroaction positive. À cause de la découverte en 2017 de ce que les émissions de méthane du bétail sont au moins deux fois plus importantes qu'on ne le croyait auparavant, et de la découverte en 2018 de ce que les océans se réchauffent à une vitesse supérieure de 40 % à ce qu'on avait estimé. Parce que de nombreuses personnes affectées par le dérèglement climatique (les mieux placées pour témoigner de ces horreurs) n'ont pas les moyens de partager leur expérience et d'éveiller notre conscience collective. Parce que les intérêts qui s'opposent à la solution du problème sont plus puissants, plus actifs et plus astucieux que les intérêts engagés dans sa solution. Parce que, au cours des trente prochaines années, la population du globe devrait augmenter de 2,3 milliards d'habitants, que le revenu par habitant au monde devrait tripler, ce qui signifie que beaucoup plus de gens pourront avoir recours à des régimes alimentaires riches en produits d'origine animale. À cause de l'apparente impossibilité de coopération entre les pays et à l'intérieur des pays. Parce qu'il y a de grandes chances qu'il soit déjà trop tard pour éviter un emballement du réchauffement climatique. Parce que…

J'ai compris.

À cause de la nature humaine : les gens comme moi, qui devraient être concernés, motivés, et qui devraient réaliser de grands changements, jugent presque impossible de faire de petits sacrifices au nom d'importants bénéfices futurs. Parce que…

Assez.

Parce que je n'ai même pas essayé.

Je ne sais pas.

Qu'est-ce que tu ne sais pas ?

Pourquoi continuons-nous à discuter ?

Que veux-tu dire ?

Tu viens de me dire que tu n'avais même pas essayé, et pourtant nous poursuivons notre conversation.

Et alors ?

Tu te rappelles « Discussion avec son âme d'un homme las de la vie » ?

Je ne suis pas en train d'écrire une lettre de suicide.

C'est justement ce que je veux dire. Et là réside mon espoir le plus tenace.

Je croyais que tu étais opposé à toute forme d'espoir.

Je ne suis pas contre des espoirs qu'on parvient à voler à la barbe des circonstances.

Et le prix de l'espoir, c'est l'action.

Et puis, il y a une action qui me rend optimiste.

Renoncer aux produits d'origine animale ?

Non.

Je suis largué.

En fait, tu me suis encore. Pour l'instant, nous poursuivons notre conversation, donc tu n'es pas complètement largué.

Mais qu'est-ce que tu racontes ?

Les lettres de suicide ont une fin. Nous nageons encore. Ça ressemble à une tentative de survie. Tu es trop las ?

De cette conversation ? Oui.

De vivre.

Non.

« Discussion avec son âme d'un homme qui n'est pas las de la vie ». Mais il est faux de supposer que c'est à l'âme que nous faisons appel par des questions essentielles aux moments essentiels. Comment devrais-je vivre ? Qui devrais-je aimer ? À quoi ça sert ? C'est l'âme qui pose les questions, elle n'y répond pas. L'âme n'est pas plus « loin là-bas » que les causes du dérèglement climatique et ses solutions. Pire encore, de façon tragique, nous avons perdu le sens de ce qui est essentiel aujourd'hui.

Perdu, comment ça ?

Nous demandons à l'âme : « Es-tu optimiste ? » Elle nous demande : « Qu'est-ce qu'on mange à midi ? »

Monsieur Karski.

Quoi, monsieur Karski ?

« Monsieur Karski, un homme comme moi, quand il s'adresse à un homme comme vous, doit être totalement franc. »

Tu me prends pour Karski ?

Je dois avouer que je ne peux pas croire à ce que tu m'as dit.

Tu crois que je mens depuis le début ?

Je n'ai pas dit ça. Je dis que je suis incapable de te croire. Mon cerveau, mon cœur sont faits d'une façon telle que je ne peux pas accepter ce que tu me dis.

Faits par qui ?

Désolé, mais j'ai une question urgente plus urgente à régler.

Monsieur Karski ?…

Oui ?

« Monsieur Karski, un homme comme moi, quand il s'adresse à un homme comme vous, doit être totalement franc. »

Tu continues à penser que je t'ai menti ?

Je ne sais pas.

Qu'est-ce que tu ne sais pas ?

Quelle est l'épaisseur de la banquise ?

Soixante mètres.

Ça n'a pas l'air si mal.

Trente mètres.

Je ne sais pas.

Monsieur Karski.

Oui.

Je veux vous croire.

L'échelle est-elle vraiment le problème ? N'est-ce pas l'immensité de cette tragédie qui la rend si abstraite ? Parce que moi, auparavant, j'ai menti.

Je n'ai jamais dit que tu mentais.

Seuls quelques milliers d'enfants meurent de malnutrition. Alors es-tu prêt à faire quelque chose pour les sauver ?

Ce n'est pas le problème.

Est-ce une question de distance ? J'ai fait en sorte que cela t'apparaisse lointain, que tu ne sois pas effrayé, mais la Cour suprême sera très embarrassée.

La distance n'est pas le problème.

Je suis coincé sous une voiture.

Pardon ?

J'ai besoin que tu me dégages de là.

Il n'y a pas de voiture.

Pourquoi ne veux-tu pas me sauver la vie ?

Parce que, clairement, elle n'a pas besoin d'être sauvée.

Alors pourquoi ne veux-tu pas sauver ceux qui ont clairement besoin de l'être ?

Parce que moi aussi, je suis coincé sous une voiture.

« Monsieur Karski, un homme comme moi quand il s'adresse à un homme comme vous doit être totalement franc ».

Mais qui s'inquiète encore de la franchise aujourd'hui ?

Monsieur Karski, je vous ai donné de mon temps, je vous ai entendu jusqu'au bout, je vous ai donné ma position. Maintenant, il vous faut partir.

Je comprends que vous ne me croyiez pas. Moi-même, j'ai quelquefois du mal à me croire. Je n'ai pas besoin que vous me croyiez.

Allez-vous-en !

J'ai besoin que vous agissiez.

La prochaine fois, je ne vous laisserai même pas entrer dans ce bureau.

La prochaine fois ?

La prochaine fois que je me repasse cette discussion dans ma tête.

La couche de glace de la banquise est d'une épaisseur telle qu'elle pourrait passer sous votre porte.

C'est beaucoup ?

Pourquoi n'avez-vous pas d'enfants, monsieur le juge ?

Nous n'en voulions pas.

Pourquoi pas ?

Nous étions heureux comme ça.

Est-ce parce que vous êtes aussi condamné à faire défiler pour toujours cette discussion dans votre tête ?

Pourquoi n'avez-vous pas d'enfants, monsieur le juge ?

Ça vous regarde ?

Pourquoi ma question vous rend-elle si agressif ?

Marion a beaucoup souffert. Elle était fragile. Cela aurait été trop pour elle.

Je n'arrive pas à vous croire.

Vous croyez que je mens ?

Je n'ai pas dit que vous mentiez. Je ne crois pas que vous acceptiez, même seul avec vous-même, que la perspective du jugement d'un enfant vous a interdit d'en avoir.

Monsieur Karski.

Votre cerveau, votre cœur.

Oui. Ils sont faits d'une façon telle que je ne peux pas accepter ce que vous m'avez dit. Parce qu'ils sont défectueux. Parce qu'ils fonctionnent. Si je devais accepter ce que vous m'avez dit, je deviendrais fou.

Vous agiriez.

Je saurais qu'aucune action ne serait suffisante.

Vous pourriez refuser de manger ou de boire, mourir lentement sous les yeux du monde.

Ça ne suffirait pas.

Vous pourriez rassembler un groupe de personnages influents pour entendre ce que j'ai à dire, pousser le Congrès à lancer une enquête officielle sur les atrocités du climat, utiliser publiquement votre propre voix pour poser les questions urgentes.

Ça ne suffirait pas.

Après mon départ, vous pourriez prendre un repas différent de celui que vous auriez choisi normalement.

Je ne sais pas.

Monsieur Karski.

J'ai menti sur l'épaisseur de la banquise.

Je n'ai pas dit que vous mentiez.

Je mentais, pourtant.

Quelle est son épaisseur ?

À peu près comme ça.

Équivalente à la hauteur des murs de ce bureau ?

De la même épaisseur que la page sur laquelle ces mots sont imprimés. Moins épaisse encore. Cette page, c'est le mur lui-même. Le verso de ce mur.

Je ne comprends pas.

Aussi lointaines que vous paraissent vos obligations, quelle que soit la hauteur ou l'épaisseur de la banquise qui vous en sépare, ces obligations ne sont jamais que de l'autre côté du mur. Là, tout près. Ici, tout près.

Je ne sais pas.

Monsieur Karski.

Qu'est-ce que vous ne savez pas ?

Je ne sais pas.

Je dois partir maintenant.

Monsieur Karski !

Le mur est en train de se dissoudre, j'ai une affaire urgente à régler.

Plus urgente que ça ?

Je dois rentrer et leur dire ce qui s'est passé, et les supplier de vous sauver.

De *me* sauver ?

Ils doivent faire plus encore : mourir en plus grand nombre, plus rapidement, de façon plus grotesque. Il faut qu'ils jouent leur rôle, qu'ils créent le spectacle d'une souffrance qui exige une réponse.

Continuez à me parler.

À quoi bon ? Votre cerveau, votre cœur sont fabriqués de telle façon que vous ne pouvez pas accepter ce que je dis.

Mais ils sont toujours en cours de développement.

Ça m'inquiète.

Que je ne change pas ?

Non. Qu'ils ne parviennent pas à croire à votre incrédulité.

V

VIVRE ENCORE

Ressources limitées

En rentrant du travail un après-midi, mon grand-père fut arrêté en chemin aux abords de son village polonais par un ami, qui lui dit que tout le monde avait été massacré et qu'il lui fallait fuir. Ce « tout le monde » comprenait la femme de mon grand-père et leur fillette. Il voulut se livrer aux nazis, mais son ami l'en empêcha par la force et contraignit mon grand-père à survivre. Après plusieurs années passées à s'enfuir et à se cacher, usant de toutes les ressources de la force extrême pour échapper aux Allemands, il rencontra ma grand-mère, et ils s'installèrent à Łódź, où ils occupèrent une maison vide qui avait appartenu à des Juifs assassinés.

Ses ressources intérieures étaient la seule qualité que j'aie jamais entendu attribuer à mon grand-père jusqu'à il y a quelques années. Il faisait du marché noir dans le camp de réfugiés où lui, ma grand-mère et ma mère passèrent leurs derniers mois en Europe, échangeant des devises et des métaux précieux ; vendant de faux papiers ; cachant son argent dans les talons évidés de ses chaussures. En 1949, sa nouvelle famille et lui montèrent à bord d'un bateau en partance pour l'Amérique avec une valise qui contenait dix mille dollars en liquide – l'équivalent de plus de cent mille dollars d'aujourd'hui. (Ils avaient davantage d'argent que la famille américaine qui les accueillait.) Parlant très peu l'anglais, et ignorant tout de la culture ou du monde des affaires américains, il acheta une série de petites épiceries, les géra, puis les revendit avec profit. Pareilles histoires à son sujet – et toutes les histoires qu'on racontait étaient de cet ordre – m'emplissaient de fierté, mais aussi d'une certaine gêne due à la roublardise proverbiale de mon propre parent.

Alors que ma mère avait environ six ans, mon grand-père annonça qu'il descendait pour ouvrir la boutique – ils vivaient souvent au-dessus des magasins qu'ils possédaient – et il se pendit à l'un des climatiseurs. Au moment précis où les menaces semblaient s'être éloignées, ses ressources intérieures, sa capacité à survivre aux épreuves, avaient atteint leurs limites. Il avait quarante-quatre ans.

J'appris son suicide il y a environ dix ans seulement, quand je fis assez accidentellement quelques découvertes. Clairement, si j'avais été confronté à la vérité plus tôt, cela n'aurait rien changé aux faits, mais cela aurait pu épargner à ma famille une honte inutile et la culpabilité qui fermente dans le silence.

Dans une certaine mesure, nous savions tous que nous ne savions pas. Ou plutôt, nous savions mais nous n'y croyions pas, et donc nous ne savions pas.

Ma mère m'a dit récemment qu'elle se souvenait du jour où son père l'a bordée dans son lit la dernière fois. « Il n'arrêtait pas de m'embrasser et de me répéter qu'il m'aimait en yiddish. »

Elle pense que, même s'il souffrait de dépression au sens clinique du terme, son suicide avait été provoqué par l'échec d'une entreprise commerciale, qui allait faire peser d'énormes dettes sur la famille – la honte de laisser sa femme et ses enfants sans ressources suffisantes l'avait contraint à leur retirer leur plus grande ressource.

J'ai utilisé le mot « ressource » plusieurs fois pour décrire mon grand-père parce que je ne peux pas penser à une meilleure façon de le qualifier. Peut-être le mot le définissait-il complètement. Ou peut-être cette description était-elle un puissant acte de refoulement, une façon d'esquiver une vérité en affirmant l'inverse. Peut-être dit-on de quelqu'un qu'il « a de la ressource », contrairement à ce que les mots semblent indiquer, quand, précisément, il a réussi à survivre avec très peu. À moins que ce ne soit une description qui ne signifie rien, qu'on appliquait à quelqu'un que personne ne connaissait vraiment – une autre façon de dire tout simplement qu'il « était vivant ».

De l'Amérique on dit aussi que c'est un pays « plein de ressources », du fait de ses capacités d'innovation et de consommation. Et même si on peut être tenté de dépeindre la crise planétaire en termes apocalyptiques, ou d'imaginer l'extinction totale de l'espèce humaine, nous sommes nombreux en vérité à vivre dans des pays à hauts revenus, aux paysages variés et à la technologie sophistiquée, qui réussiront à survivre à notre suicide climatique. Nous essuierons néanmoins des blessures permanentes. Quand Kevin Hines a sauté du Golden Gate, il s'est brisé deux vertèbres – la plupart des survivants s'en tirent avec des fractures et des organes perforés. Les conditions climatiques extrêmes provoqueront des déplacements de population, nos côtes deviendront invivables, et notre économie s'effondrera. Des conflits armés éclateront, le prix de la nourriture montera en flèche, l'eau sera rationnée, les maladies liées à la pollution se multiplieront, les moustiques nous envahiront, et les pics de chaleur tueront davantage de monde que le froid le plus rigoureux. Notre condition mentale sera transformée par les traumatismes : être séparés de nos familles lors d'épisodes météorologiques extrêmes, en laissant nos parents vieillir dans des endroits atteints par la sécheresse ou les inondations, de sorte que les enfants puissent connaître des existences moins rudes, et se battre pour les ressources restantes d'une façon plus explicite et moins civilisée encore que celle que nous avons jamais connue.

Si nous considérons que l'apathie américaine face au dérèglement climatique est une sorte d'autodestruction, ce suicide est rendu plus sinistre encore par le fait que nous ne sommes pas en majorité ceux qui disparaîtront. La plupart des populations qui meurent déjà à cause du réchauffement climatique, et celles qui en mourront dans un proche avenir, résident dans des endroits où l'empreinte carbone est minimale, des pays comme le Bangladesh, Haïti, le Zimbabwe, les îles Fidji, le Sri Lanka, le Vietnam et l'Inde. Ce n'est pas l'absence de ressources qui causera leur mort.

À ce stade de l'évolution environnementale, il nous est encore possible de sauter du pont, ou de le traverser. Nous pouvons laisser notre peur à l'idée qu'il est trop tard ou trop difficile d'assurer les ressources indispensables aux générations futures nous rendre incapables d'agir, ou nous pouvons faire en sorte que ces peurs nous rendent plus forts. Nous sommes les ressources les plus précieuses que possèdent ces futures générations et que nous détenons nous-mêmes.

La terre a environ 4,5 milliards d'années. J'ai presque l'âge qu'avait mon grand-père quand il s'est suicidé. Au sens où il s'agit de choisir ou non de vivre, nous avons tous son âge.

Le déluge et l'arche

Un des plus grands suicides de masse de l'histoire constitue l'un des récits fondateurs de ma culture. Aux alentours de l'an 72 de notre ère, les légions de l'Empire romain assiégèrent la communauté juive au sommet de la montagne de Massada. Pendant au moins un mois et demi, les Juifs, pourtant largement dominés en nombre, repoussèrent les attaquants romains. Mais quand il devint clair que la bataille était perdue, ils se suicidèrent pour éviter d'être capturés. Comme attenter à ses jours est interdit par la loi juive, les habitants de Massada tirèrent au sort et se tuèrent les uns les autres chacun à son tour, jusqu'à ce qu'il n'en reste qu'un – le seul qui dut alors enfreindre la loi juive. Le seul qui mourut par suicide.

J'ai visité Massada quand j'étais enfant et on m'a encouragé à considérer ce suicide collectif comme un symbole de la résistance juive : une solution de rechange héroïque à la soumission. Mais il m'avait frappé, même alors, par son fanatisme. Pourquoi ne pas essayer de négocier une reddition ? Pourquoi ne pas faire semblant de se convertir ? Pourquoi ne pas vivre pour se battre le lendemain, et au moins rester en vie pour connaître un jour de plus ?

Le suicide de masse de Massada ne cadrait pas non plus avec l'héroïsme que d'autres récits fondateurs m'avaient appris à respecter, comme l'histoire des Juifs du ghetto de Varsovie durant la Seconde Guerre mondiale – ceux-là mêmes dont Jan Karski était venu en Amérique pour faire connaître le sort. Dans une situation non moins désespérée que les Juifs de Massada, ceux du ghetto de Varsovie luttèrent jusqu'au bout. Ils édifièrent des bunkers souterrains, creusèrent des tunnels, construisirent des passages à travers les toits, dérobèrent une petite artillerie, fabriquèrent des armes primitives, entamèrent une résistance acharnée, et luttèrent jusqu'au moment où plus aucun combat ne fut possible.

La plupart des informations que nous possédons sur le ghetto de Varsovie nous viennent des archives de Ringelblum, une collection de témoignages, d'artefacts et de documents secrètement rassemblés par un groupe de Juifs du ghetto, sous la houlette de l'historien Emanuel Ringelblum. Plus de trente-cinq mille pages furent placées dans des bidons de lait et enterrées pour être découvertes plus tard. Comme l'atteste l'un des documents, rédigé par un jeune homme de dix-neuf ans en 1942 : « Ce que nous ne pouvions pas lancer et crier à la face du monde, nous l'avons enterré dans le sol […] J'aimerais voir le moment où ce grand trésor sera déterré et qu'il criera la vérité […] Que ce trésor tombe entre de bonnes mains, qu'il perdure jusqu'à des temps meilleurs, qu'il puisse informer et alerter le monde sur ce qui s'est passé. »

Ce qu'on sait du suicide collectif de Massada nous vient de Flavius Josèphe. Il existe de nombreuses preuves archéologiques de l'existence d'une communauté juive à Massada, mais nous n'avons que peu de raisons de croire en l'exactitude historique du témoignage de Flavius

Josèphe. Le mythe du suicide collectif a été perpétué et diffusé parce qu'il s'est trouvé de puissantes raisons pour maintenir vivant le souvenir de ces morts. Un jeune pays minuscule, entouré de voisins qui l'écrasent de leur taille et veulent sa destruction, a besoin que les autres croient en son refus inconditionnel de se rendre. Et il a besoin aussi d'y croire lui-même.

*

Creusée dans le roc d'une montagne de permafrost en Norvège, cent trente mètres au-dessus du niveau de la mer, se trouve la Réserve mondiale de Semences du Svalbard, la plus grande collection de biodiversité agricole existante. En cas d'effondrement total de notre agriculture, cette réserve pourrait assurer notre sécurité alimentaire.

La structure a été construite pour résister à l'épreuve du temps, aux conditions météorologiques extrêmes et aux attaques humaines. Mais en 2017 – l'année qui a connu les plus hauts records de chaleur de tous les temps – la fonte des glaces et les pluies inhabituelles ont inondé l'entrée du tunnel. Parce que la température y est maintenue à −18 °C, l'eau a gelé et n'a pas atteint les semences. Aujourd'hui, la Norvège projette de dépenser environ 12,7 millions de dollars pour mettre en place des mesures encore plus protectrices. Mais cet épisode a démontré que même une structure mise au point pour faire face « au défi de désastres naturels ou provoqués par l'homme » ne pourra peut-être pas résister à une catastrophe qui combine les causes humaines et naturelles.

Une autre réalisation, qu'on appelle le projet « Frozen Ark » (Arche congelée), s'est donné pour mission de faciliter et de promouvoir la conservation des tissus, des cellules et de l'ADN des espèces animales menacées. Par ailleurs, l'Université de Moscou a récemment reçu la plus importante bourse jamais attribuée pour créer une banque d'ADN, nommée « Arche de Noé », qui conservera le matériel génétique de toutes les espèces animales vivantes et disparues.

L'histoire de Massada et les Archives de Ringelblum sont pareilles à ces réserves de semences dans lesquelles nous pouvons puiser. Il en va de même pour mon rêve de revenir en arrière dans le temps et de crier aux Juifs du village de ma grand-mère : « Il faut faire quelque chose ! » Cela est vrai de la tentative réussie de Karski d'informer Frankfurter mais aussi de son échec à l'émouvoir. Dans les moments de menace sans précédent, nous pouvons faire appel à l'histoire pour y trouver de l'aide. Nous pouvons aussi tendre la main vers le futur. Dans les dernières lignes d'*Une vérité qui dérange*, Al Gore écrit : « Les générations futures auront sans doute l'occasion de se demander : à quoi pensaient nos parents, pourquoi ne se sont-ils pas réveillés quand ils en avaient encore la possibilité ? Cette question qu'ils poseront, il nous faut l'entendre aujourd'hui. »

Nous pouvons exhumer les témoignages du passé, écouter les témoignages du présent, et imaginer les témoignages de l'avenir. Mais cela ne suffit pas à nous convaincre. Nous avons besoin d'être convertis.

*

Le Noé auquel font référence les projets de banque d'ADN était le premier homme venu au monde après la mort d'Adam – le premier à n'avoir eu aucun contact direct avec un souvenir vivant du jardin d'Éden. Il était le premier à entrer dans un monde dans lequel la mort naturelle était présente, le premier à vieillir en sachant qu'il devrait mourir un jour.

Il est écrit dans la Genèse que « Noé était un homme juste et intègre en son temps ». Pourquoi « intègre en son temps » et pas simplement « intègre » ? Parce que le fait d'être juste et intègre est lié à un contexte. Être quelqu'un de bien en Normandie le 6 juin 1944 n'est pas la même chose qu'être quelqu'un de bien dans une épicerie en 2019. Le ghetto de Varsovie exigeait une conduite différente de celle qu'a réclamée l'ouragan Sandy. Manger de façon juste il y a deux générations n'est pas la même chose que manger de façon juste à l'âge de l'élevage industriel. Tout comme une situation peut inspirer une force extrême, elle peut aussi provoquer et exiger une réaction éthique sans précédent. Ce « quelque chose » que nous devons faire doit venir en réaction à quelque chose qui nous est fait.

Noé est décrit comme le « *ich ha'adama* », l'« homme de la Terre », une épithète qui ne va pas sans ironie, mais qui peut-être lui convient parfaitement, pour quelqu'un de si évidemment associé à un déluge. Environ cent ans s'étaient écoulés entre le moment où Dieu ordonna à Noé de construire l'Arche et celui où il provoqua le Déluge. Un siècle peut paraître long, mais même dans le contexte d'une histoire biblique, il est remarquable qu'un homme et ses fils (sans outils modernes, sans électricité, sans Bricorama) aient pu construire une structure assez vaste pour sauver deux représentants de chaque espèce animale aussi rapidement.

Cependant, un siècle est une période sacrément longue pour y maintenir une croyance. Imaginez ce à quoi durent ressembler ces années pour Noé, se faisant traiter de fou tous les jours, s'engageant tout entier – son travail, ses ressources, son énergie – dans la réalisation de quelque chose qui ne pouvait pas être démontré. Plus le temps le séparait de l'ordre divin, plus cette injonction lui apparaissait sans doute comme lointaine, et plus il dut être difficile de maintenir la conviction indispensable. Il lui fallut probablement un dialogue intérieur constant, et des trésors sans cesse renouvelés d'explications. Des civils participeraient-ils à des couvre-feux en vue d'une guerre censée se produire cent ans plus tard ?

Pourtant Noé avait plus de chance que nous. Nous avons beaucoup moins d'un siècle pour construire notre arche – nous avons peut-être une dizaine d'années pour opérer les changements dont nous n'avons pas réussi à discuter avec les autres et avec nous-mêmes. Et au contraire de Noé, nous devons le faire sans y croire. Sans instructions divines, nous devons non seulement nous motiver tout seuls à agir, mais nous devons aussi choisir quelle sorte d'arche nous voulons construire. La nôtre pourrait être un vaisseau spatial en vue de coloniser Mars. Ce pourrait être une réserve de semences pour tout recommencer après l'effondrement de la vie végétale, ou une banque d'ADN pour repartir de zéro après la disparition de la vie animale. Ce pourrait être un acte de suicides de masse, ou bien une vague d'actions collectives.

Quand les eaux reculèrent, Dieu fit de l'arc-en-ciel le symbole de son alliance avec la création, son engagement à ne plus jamais détruire la Terre : cette planète serait notre seule maison. « J'ai placé mon arc dans la nue, et il servira de signe d'alliance entre moi et la Terre. Quand j'aurai rassemblé des nuages au-dessus de la Terre, l'arc paraîtra dans la nue ; et je me souviendrai de mon alliance entre moi et vous, et tous les êtres vivants, de toute chair, et les eaux ne deviendront plus un déluge pour détruire toute chair. L'arc sera dans la nue ; et je le regarderai, pour me souvenir de l'alliance perpétuelle entre Dieu et tous les êtres vivants, de toute chair qui est sur la terre. Et Dieu dit à Noé : Tel est le signe de l'alliance que j'établis entre moi et toute chair qui est sur la Terre. » (Genèse 9:13)

Il utilise deux fois le verbe « se souvenir ». Il paraît étrange qu'un être tout-puissant ait besoin d'aide pour retenir qu'Il ne doit pas détruire Sa création la plus importante. Le Dieu de la Torah a la mémoire courte, Il a besoin de rappels – les gémissements des esclaves en Égypte, les symboles de Ses alliances – et il est parfaitement clair que l'arc-en-ciel Lui est destiné. Mais il ne s'agit pas ici d'un « pense-bête » comme on en trouve sur le bloc posé sur la table de nuit. Le rappel dont il est question est spectaculaire et public – il s'inscrit littéralement dans le ciel. Donc, quelle qu'en soit l'intention première, l'arc-en-ciel est aussi un aide-mémoire pour Noé. Pour l'humanité. On nous rappelle ainsi ce que Dieu nous a fait, ce qu'Il a fait pour nous et ce qu'Il a promis. Mais de surcroît, l'arc-en-ciel nous remémore la possibilité de destruction, une chose si essentielle qu'elle ne devrait pas nécessiter d'aide-mémoire ; or, précisément parce qu'elle est si essentielle, nous avons besoin d'un rappel plus fort que pour quoi que ce soit d'autre : nous ne voulons pas être détruits.

Globalement, il y a plus de morts par suicide que n'en causent les guerres, les assassinats et les catastrophes naturelles réunis. Nous avons bien plus de chances de nous suicider que de nous faire tuer et, dans ce sens, nous représentons un plus grand danger pour nous-mêmes que les autres. Un arc-en-ciel, c'est un peu comme une corde : on peut le lancer à une personne qui se noie, ou bien on peut l'attraper pour y faire un nœud.

Personne d’autre que nous ne va détruire la Terre, et personne d’autre que nous ne va la sauver. Les situations les plus désespérées peuvent entraîner les actions les plus optimistes, et vice versa. Si nous avons trouvé des façons de ramener la vie sur Terre en cas d’effondrement total, c’est parce que nous avons trouvé les manières de provoquer un anéantissement total sur la Terre. Nous sommes le Déluge et nous sommes l’arche.

Être ou ne pas être, telle est la question

Le matin du 14 avril, David Buckel, un avocat spécialisé dans la défense des droits civiques, a pénétré dans une zone de Prospect Park à Brooklyn où je m'étais rendu des milliers de fois. Quand j'habitais ce quartier, j'allais souvent y promener mon chien, jouer avec mes enfants, ou simplement mettre de l'ordre dans mes idées. À 5 h 55, il a envoyé un e-mail aux organes de presse en expliquant la décision qu'il allait prendre. Puis il s'est aspergé d'essence et s'est immolé.

À en croire son mari et ses amis, il n'était pas déprimé. Et il avait eu assez de présence d'esprit pour laisser au moins trois messages différents afin d'expliquer son geste, en sus de l'e-mail déjà cité. Le plus succinct de ces billets était rédigé à la main : « Je m'appelle David Buckel et je viens de me donner la mort par immolation en signe de protestation. » On découvrit un deuxième mot enveloppé dans un sac-poubelle au fond d'un caddie abandonné. On y lisait : « La pollution ravage notre planète, elle la rend de plus en plus inhabitable en souillant l'air, les sols et l'eau. Notre présent est de plus en plus désespéré, notre avenir exige davantage d'actions que nous en avons entamé à ce jour. »

Buckel était un grand défenseur des droits civiques qui avait toutes les raisons de penser que le progrès est plus qu'un fantasme. Il était nationalement reconnu comme un pionnier des droits des homosexuels et des transgenres. Le mariage gay a été légalisé alors que Buckel était déjà adulte, en partie grâce à ses efforts. Dans une atmosphère d'apathie et de résignation, il semblait optimiste et engagé. Ceux qui ont décrit son suicide comme un acte de défaitisme oublient volontairement le fait que sa mort était explicitement un geste de protestation. Or, il n'existe pas d'action qui repose davantage sur la croyance en la perfectibilité qu'une protestation. « Des objectifs honorables au cours d'une vie incitent à des objectifs honorables dans la mort », écrit Buckel dans sa lettre de suicide.

*

Trois mois plus tard le *New York Times* faisait paraître la tribune « Élever mon enfant dans un monde condamné ». Une demi-douzaine d'amis me l'ont envoyée. À la première lecture, j'ai trouvé ce texte poignant. Son auteur était Roy Scranton, qui avait écrit « Apprendre à mourir durant l'Anthropocène ». L'auteur décrit le puissant mélange d'émotions qu'il a ressenties à la naissance de son enfant : « J'ai pleuré deux fois quand ma fille est née. » D'abord des larmes de joie, puis de tristesse : « Ma compagne et moi avions, dans notre égoïsme, condamné notre fille à vivre sur une planète dystopique, et je ne voyais aucun moyen de la protéger de l'avenir qui l'attendait. »

Je me suis d'abord réjoui de cette contribution au débat sur la crise planétaire. Scranton n'est pas seulement intelligent, passionné et bien informé, c'est aussi un excellent écrivain. Il exprimait là un sentiment que j'ai souvent éprouvé en tant que père. Et ce n'est pas un hasard si tellement de gens m'ont expédié ce texte, et s'ils étaient tous parents. Dans cet essai (et d'autres), Scranton aborde la crise environnementale avec cette rigueur philosophique qui manque tellement aux débats actuels – un mode de pensée dont nous avons désespérément besoin pour comprendre cette crise. Comme David Wallace-Wells le remarque dans son article intitulé « La Terre inhabitable », « nous n'avons pas su nous créer une religion qui fasse sens autour du dérèglement climatique, susceptible de nous réconforter, de nous fournir un cap, face à l'annihilation possible ». C'est bien ce type de religion que Scranton propose ici, mais le problème est qu'elle ne nous donne pas la détermination nécessaire face à l'annihilation qui menace – elle abandonne la partie. En relisant l'article de Scranton, j'ai ressenti de la frustration, et même de la colère. Plus je passais du temps à lire et à relire son texte, et plus il m'apparaissait comme une sorte de lettre de suicide.

Quand il considère la question de « mesurer s'il est éthiquement défendable de vivre dans une société de consommation alimentée par le carbone », Scranton relève que nombreux sont ceux qui recommandent de vivre de façon plus responsable. Prenez par exemple les résultats, publiés en 2017 et largement reproduits, de l'enquête réalisée par le géographe Seth Wynes et l'écologue Kimberly Nicholas. Selon ces chercheurs, les mesures les plus efficaces pour faire décroître les émissions de carbone, et que peut prendre n'importe qui, sont d'opter pour un régime alimentaire à base de plantes, d'éviter de voyager en avion, de vivre sans voiture et d'avoir un enfant de moins. » (Scranton fait référence à l'article que j'ai cité plus tôt : « Comment agir sur le réchauffement planétaire : l'enseignement et les recommandations gouvernementales passent à côté des actions individuelles les plus efficaces », qui défend l'idée que la plupart des efforts pour enrayer significativement le dérèglement climatique, tels qu'on les enseigne ou les recommande, sont relativement insignifiants.) D'après Scranton toujours : « Le problème, ce n'est pas en soi qu'on nous recommande d'économiser, de prendre moins l'avion ou de devenir végétarien, qui sont des conseils louables et justifiés, mais plutôt le modèle social sur lequel s'appuient pareilles recommandations : la théorie qui voudrait que le monde puisse être sauvé par les choix individuels des consommateurs. C'est malheureusement chose impossible. »

Mais pourquoi pas ?

Parce que le monde est une « dynamique complexe et récurrente [dont] les pilotes sont à la fois intérieurs et extérieurs ».

Je ne suis pas sûr de ce que cette phrase signifie exactement, mais quelle que soit la complexité du monde, les gens recyclent, manifestent, votent, collectent leurs déchets, soutiennent le commerce équitable, donnent leur sang, interviennent quand quelqu'un semble en danger, s'opposent aux remarques racistes, et laissent passer les ambulances. Ces gestes ne sont pas seulement bons pour la santé individuelle de leur auteur, ils sont essentiels à la bonne santé de la société. Ces actions sont observables et elles font des adeptes.

Dans leur essai intitulé *Connected : The Surprising Power of Our Social Networks and How They Shape Our Lives*, Nicholas A. Christakis et James H. Fowler décrivent les réseaux sociaux comme « des espèces de superorganismes ». Ils écrivent : « Nous avons découvert que si l'ami de l'ami de votre ami prend du poids, vous en prenez aussi. Nous avons découvert que si l'ami de l'ami de votre ami cessait de fumer, vous arrêtiez aussi. Et nous avons découvert que si l'ami de l'ami de l'ami de votre ami était soudain heureux, vous l'étiez à votre tour. » Même si nous parlons souvent de l'obésité comme d'une maladie endémique, on la décrit rarement comme contagieuse. Mais Christakis et Fowler illustrent l'idée selon laquelle – à l'instar de la cigarette et son rejet, le harcèlement sexuel et son rejet – l'obésité est une mode :

> Avec une régularité surprenante qui, nous l'avons découvert, apparaît dans plusieurs phénomènes de réseaux sociaux, la contagion obéit à ce que nous avons appelé « la règle des trois degrés d'influence » : en moyenne une personne obèse a davantage de chances de se faire des amis, des amis d'amis, des amis d'amis d'amis, qui soient obèses que ne pourrait le déterminer le seul hasard. De façon similaire, il y a plus de chances en moyenne que l'individu non obèse ait des contacts avec des personnes non obèses, jusqu'à trois degrés de séparation. Au-delà de ces degrés, la contagion n'opère plus. En fait, les gens semblent occuper des créneaux à l'intérieur du réseau pour lesquels le gain ou la perte de poids deviennent des critères spécifiques.

Pour en venir à la santé, cette enquête suggère que les conduites individuelles ont davantage d'impact que les directives diététiques prodiguées par le gouvernement, que la plupart des Américains ne suivent d'ailleurs pas. Alors que les structures ont leur importance – les déserts alimentaires, les subventions et les cafétérias où l'on sert une nourriture malsaine ont une influence indéniable sur le régime alimentaire –, les critères les plus opérants sont ceux que nous établissons nous-mêmes.

À l'intérieur de notre « dynamique complexe et récurrente [dont] les pilotes sont à la fois intérieurs et extérieurs », nous ne sommes pas impuissants. C'est nous qui sommes les pilotes intérieurs. Certes, il existe des systèmes à la force indéniable – capitalisme, élevage industriel, complexes industriels des énergies fossiles – qui sont difficiles à démanteler. Aucun conducteur ne peut créer un embouteillage tout seul. Mais aucun embouteillage ne peut exister sans conducteurs individuels. Nous sommes pris dans la circulation parce que nous *sommes* la circulation. La façon dont nous menons nos existences, les actions que nous entreprenons et celles que nous n'entreprenons pas peuvent alimenter les problèmes systémiques mais peuvent aussi les transformer : des procès intentés par des individus ont changé les boy-scouts, des témoignages individuels ont lancé le mouvement #MeToo, des individus qui ont participé à la « Marche sur Washington pour l'emploi et la liberté » ont préparé le terrain de la Loi sur les Droits civiques de 1964 et celle du Droit de vote en 1965. Tout comme Rosa Parks a contribué à la fin de la ségrégation dans les transports publics, tout comme Elvis Presley a participé à l'éradication de la polio. ExxonMobil ne vend que ce que nous choisissons d'acheter. Les agriculteurs ne font pousser que ce que nous choisissons de manger.

Scranton écrit : « Nous ne sommes pas plus libres de choisir notre mode de vie que nous ne sommes libres d'enfreindre les lois de la physique. Nous choisissons à partir d'options possibles, pas *ex nihilo*. »

C'est vrai, il existe des contraintes qui pèsent sur nos actions, des conventions et des injustices structurelles qui déterminent les paramètres de ce qui est possible. Notre libre arbitre n'est pas tout-puissant – nous ne pouvons pas faire tout ce que nous voulons. Mais, comme le dit Scranton, nous sommes libres de choisir parmi des options possibles. Et l'une d'elles est d'opérer des choix dictés par la conscience de l'environnement. Nul besoin d'enfreindre les lois de la physique – ni même d'élire un président écologiste – pour choisir entre les différents plats au menu et commander un repas végan, ou pour acheter les aliments à base de plantes proposés à l'épicerie. Et même si c'est sans doute un mythe néolibéral d'affirmer que les choix individuels emportent la décision ultime, c'est un mythe défaitiste qui voudrait que les décisions individuelles n'aient aucun pouvoir du tout. Les plus grandes actions comme les plus petites ont leur efficacité, et quand il s'agit de freiner la destruction de notre planète, il serait contraire à l'éthique de rejeter les unes ou les autres, ou de proclamer que parce que les plus grandes ne peuvent pas être menées à bien, il serait inutile de tenter d'envisager les plus petites.

Nous avons besoin d'un changement structurel – il faut qu'à l'échelle mondiale, les énergies fossiles soient abandonnées au profit d'énergies renouvelables. Nous devons exiger quelque chose qui ressemble à une taxe carbone ; réclamer un étiquetage des produits indiquant leur impact environnemental ; remplacer le plastique par des options viables ; et construire des villes dans lesquelles il soit possible de se déplacer à pied. Nous avons besoin de structures qui nous poussent vers des choix que nous souhaitons déjà réaliser. Il nous faut reconsidérer éthiquement la question des relations entre l'Occident et le Sud. Nous avons peut-être même besoin d'une révolution politique. Ces transformations requerront des changements que des individus seuls ne pourront pas réaliser. Mais sans parler du fait que les révolutions collectives se font avec des individus, qu'elles sont menées par des individus et sont renforcées par des milliers de révolutions individuelles, nous n'avons aucune chance d'atteindre notre objectif de limiter la destruction environnementale si nous ne prenons pas la décision hautement individuelle de manger différemment. Bien sûr, il est certain que, si une personne décide d'adopter un régime à base de plantes, le monde n'en sera pas métamorphosé, mais il est tout aussi évident que la somme de millions de décisions semblables est de nature à provoquer cette transformation.

En réaction aux changements de mode de vie proposé par Wynes et Nicholas, Scranton écrit :

> Prendre à cœur leurs recommandations signifierait se couper de la vie moderne. Cela signifierait choisir une existence hermétique, isolationniste, et abandonner nos connexions les plus profondes avec l'avenir. De fait, prendre au sérieux les arguments de Wynes et Nicholas reviendrait à reconnaître que la seule réaction véritablement morale au réchauffement climatique planétaire est de se suicider. Il n'y a pas de façon plus efficace d'éliminer votre empreinte carbone. Une fois mort, vous n'utiliserez plus d'électricité, ne mangerez plus de viande, ne consommerez plus d'essence et, assurément, vous n'aurez plus d'enfant. Si vous voulez vraiment sauver la planète, il ne vous reste qu'à mourir.

Le saut conceptuel est extrême. Imaginez-vous choisir de ne pas manger de produits d'origine animale avant le dîner, choisir de prendre l'avion deux fois de moins par an. En marge de savoir si cela vous serait possible, cela vous semble-t-il ressembler à « une vie hermétique, isolationniste » ? Ou bien cela ne ressemblerait-il pas plutôt à s'adapter à un revenu légèrement inférieur ?

Il est vrai que prendre des décisions pour la santé de la planète nous coupera d'un hédonisme effréné, mais est-ce bien ainsi qu'il faut définir la « vie moderne » ? Si oui, ce devrait être un soulagement de nous en couper. C'est seulement grâce à de telles décisions, de tels ajustements, que nous assurerons des « connexions profondes avec l'avenir ».

Pour réduire l'empreinte carbone, il n'y a pas de moyen plus efficace que de mourir, mais cela suggère que l'empreinte carbone de chaque personne serait indépendante. À moins que vous ne fassiez vos courses alimentaires en secret et que vous ne mangiez dans un placard, vous ne mangez pas seul. Nos choix alimentaires sont le fruit de contagions sociales, ils influencent indubitablement ce qui nous entoure – les supermarchés gardent la trace de chaque article vendu, les restaurants adaptent leurs menus à la demande, les entreprises de livraison de repas s'intéressent à ce qu'on jette, et nous avons tendance à commander « la même chose » que nos voisins de table. Manger est lié à la famille, aux communautés, aux générations, aux pays et de plus en plus à la Terre entière. Des choix de consommation individuelle peuvent activer une « dynamique complexe et récurrente » – l'action collective – qui soit innovante, et non pas paralysante. Alors que le suicide peut exercer une influence, c'est une influence extrême. Nous ne pourrions pas empêcher notre façon de nous nourrir d'exercer elle aussi son influence même si nous le souhaitions.

Plus importante encore est la question de savoir ce que nous essayons de sauver. « Si vous voulez vraiment sauver la planète, il ne vous reste qu'à mourir », écrit Scranton. Mais ce n'est pas la planète, c'est la vie sur la planète que nous voulons sauver – celle des plantes, des animaux et des êtres humains. Accepter que la violence de notre existence est inévitable constitue le premier pas pour tenter de la réduire : il nous faut consommer pour survivre. Cela resterait vrai dans n'importe quelle utopie politique. Mais de nombreuses espèces, y compris les humains, ont réussi à vivre en harmonie avec la nature, et ce n'est pas en se suicidant qu'elles y parviennent. Elles y réussissent en puisant moins dans les ressources que la planète est capable de produire et en renforçant les écosystèmes. Elles y réussissent en vivant comme si elles n'avaient qu'une seule Terre, au contraire de quatre. En traitant la planète comme leur seule maison.

Scranton poursuit son raisonnement en décrivant le suicide de David Buckel et conclut que cette « auto-immolation pousse la logique du choix personnel jusqu'à sa plus funeste extrémité ».

Je n'excuse pas le suicide de Buckel, ni aucun d'ailleurs. Mais il est important de se rappeler qu'il ne s'est pas donné la mort pour limiter son empreinte carbone. Son sacrifice, dans la tradition des moines bouddhistes qui s'immolaient publiquement pour protester contre la guerre du Vietnam, avait été clairement pensé pour qu'on en soit témoins : laisser une empreinte de feu dans la conscience publique, pousser au changement. Il a fait d'un acte d'autodestruction une arme pour nous rappeler que nous ne voulons pas nous autodétruire.

Les vrais choix auxquels nous sommes confrontés, ce n'est pas ce que nous achetons, les avions que nous prenons ou les enfants que nous avons, c'est plutôt de savoir si nous sommes prêts à nous engager à vivre éthiquement dans un monde brisé, un monde duquel les humains dépendent pour leur survie collective dans une sorte de grâce écologique.

Que signifie « vivre éthiquement » si ce n'est pas faire des choix éthiques ? Au nombre de ces derniers, se trouvent précisément ce que nous achetons, les avions que nous prenons, le nombre d'enfants que nous mettons au monde. Que signifie la « grâce écologique » si ce n'est la somme des décisions prises au fil des jours, au fil des heures, de consommer moins que ce qui tient entre nos mains, de manger autre chose que ce que nos estomacs réclament, de créer des limites pour nous-mêmes, pour que nous puissions partager ce qu'il reste ?

> Je ne peux pas protéger ma fille de l'avenir et je ne peux même pas lui promettre qu'elle aura une vie meilleure. Tout ce que je peux faire, c'est lui donner quelques conseils : lui apprendre à se sentir responsable, à être généreuse et à vivre dans les limites de la grâce de la nature. Je peux lui apprendre à être dure mais résiliente, adaptable et prudente, parce qu'elle va devoir lutter pour satisfaire ses besoins. Mais il me faut aussi lui enseigner à se battre pour ce qui est juste, parce que personne n'est seul dans ce combat. Je dois lui apprendre que toutes les choses meurent, même moi, sa mère et le monde tel que nous le connaissons, mais que se confronter à cette vérité difficile est le début de la sagesse.

Ce n'est pas le début de la sagesse. C'est la fin de la résignation.

À qui cela importe-t-il que sa fille se sente responsable ? En tout cas pas à ses petits-enfants. Ce qui leur importera le plus, ce n'est pas de savoir si elle était généreuse, dure mais résiliente, ou adaptable et prudente.

Ce qui leur importera le plus, c'est de savoir si ce qu'elle a fait était juste. L'avenir ne dépend pas des sentiments, et dans une large mesure, il dépend même de notre capacité à dépasser nos émotions.

Scranton a raison de souligner que nous ne sommes pas seuls dans ce combat. Pourquoi ne pas expliquer à sa fille que si elle mange différemment, et qu'elle convainc d'autres personnes de faire de même, elle – eux, nous, tout le monde – pourrait participer à sauver la planète ? Plutôt que lui apprendre à « lutter pour satisfaire ses besoins », ne vaudrait-il pas mieux lutter pour ce dont nous avons tous besoin ? Manger moins de viande, prendre moins souvent l'avion, utiliser moins souvent sa voiture, avoir moins d'enfants – tous ces choix sont des combats. Si ce n'était pas le cas, nous les aurions faits il y a bien longtemps. Je n'ai pas encore réussi à éliminer les produits laitiers et les œufs de mon régime. Si j'étais n'importe quelle sorte d'animal, mes obligations céderaient le pas à mon désir. Je suis un être humain, et c'est là que commencent mes obligations. La décision de lutter pour ce qui est juste exige de nous que nous renoncions à ce qui ne l'est pas.

Je n'ai jamais rencontré Roy Scranton, sa fille non plus, mais j'ai des obligations envers eux comme ils ont des obligations envers ma famille. Tout comme les Américains ont des obligations envers les Bangladais. Tout comme ceux qui vivent dans de riches banlieues résidentielles ont des obligations envers ceux qui vivent dans les poches de chaleur urbaine et les déserts alimentaires. Tout comme ceux qui vivent aujourd'hui ont des obligations envers les générations futures.

*

Je suis d'accord avec Scranton pour dire que nous ne pourrons pas mesurer avec justesse la crise environnementale – nous ne pourrons certainement pas nous laisser convaincre de l'urgence – avant d'avoir reconnu le pouvoir qu'elle a de nous détruire. Parce que nous l'avons créée, cela signifie qu'il nous faut admettre notre capacité à nous éliminer nous-mêmes. Il nous faut être conscients de la mort qui menace, même si la catastrophe ne s'est pas encore produite, même s'il est facile de faire comme si elle n'existait pas, même si notre suicide fera d'abord d'autres victimes.

Il y a quelques mois, un homme s'est suicidé dans sa voiture à quelques pâtés de maisons de mon bureau à l'Université de New York. Alors même qu'il vivait en un temps où tout est public, une époque de voyeurisme, et bien qu'il ait habité une ville qui fourmille de caméras de surveillance et de piétons, personne n'a remarqué ce mort dans sa voiture pendant une semaine. Un agent immobilier qui travaillait dans une agence toute proche a garé sa moto devant le véhicule. Il ne pouvait pas croire qu'il y avait un cadavre à l'intérieur, ou qu'il s'y trouvait depuis aussi longtemps. Les agents de la circulation qui donnent des amendes pour faire respecter le stationnement alterné ne verbalisent que rarement les voitures qui se garent du mauvais côté de la rue dès lors qu'il y a un conducteur au volant. Un certain nombre de policiers avaient sans doute vu sa silhouette, mais supposé que l'homme était en vie. Un enfant s'est plaint d'une odeur nauséabonde alors que sa famille passait devant la voiture et a vomi sur le trottoir. Sa mère n'a rien vu. Un type qui promenait son chien a remarqué une présence dans la voiture et a cru que c'était le chauffeur d'un Uber en train de faire une sieste. En s'apercevant que le corps était toujours là deux jours plus tard, il a appelé les urgences.

Il n'existe que deux réactions face au dérèglement climatique : la résignation ou la résistance. Nous pouvons nous soumettre à la mort, ou bien nous pouvons utiliser la perspective de la mort pour insister sur l'importance de la vie. Nous ne saurons jamais ce que l'auteur de « Discussion avec son âme d'un homme las de la vie » avait choisi. Nous ne savons toujours pas ce que nous-mêmes choisirons.

Il est horrible de s'imaginer découvrir par hasard le corps calciné de David Buckel. Il est encore plus horrible de s'imaginer passer devant un cadavre plusieurs fois sans le remarquer. Mais il y a quelque chose d'encore pire : ne pas remarquer que nous sommes en vie.

Quatre jours après le suicide de Buckel, une des personnes qui, en faisant leur jogging, avaient trouvé son corps écrivit un texte beau et court qui livrait ses réflexions sur le sens littéral et métaphorique de la course. Mais ce que j'en garde surtout en mémoire, c'est la description du parc ce matin-là, les premières minutes avant la triste découverte. Elle venait de rentrer d'un voyage à l'étranger et était impatiente de faire de l'exercice. « Les oiseaux gazouillaient, le soleil brillait et, en parcourant les allées ombragées, je me suis sentie inondée par la joie d'être à nouveau chez moi et en vie. »

Si tout se passe selon les plans de la nature, la fille de Buckel, la fille de Scranton, et mes fils vivront un jour sur la planète sans leurs parents. J'espère qu'ils seront inondés par la joie d'être chez eux et en vie. J'espère que leurs parents, à leur façon, en tirant le meilleur parti possible de leur intelligence et de leurs capacités, auront fait ce qu'il fallait pour le permettre. J'espère que nous leur aurons tous appris – pas seulement avec nos mots, mais par nos choix exemplaires – la différence entre courir vers la mort, courir pour échapper à la mort et courir vers la vie.

Après nous

J'écris ces mots alors que je suis assis au chevet de ma grand-mère. J'ai amené les garçons avec moi, en sachant que c'est sans doute la dernière fois qu'ils la verraient. Mon fils aîné est au rez-de-chaussée, répétant ostensiblement le texte qu'il doit lire pour sa bar-mitsva, même si je ne l'entends pas chanter. Mon plus jeune fils est assis en tailleur à mes pieds, asticotant une de ses dents qui s'apprête à tomber. Cela fait plusieurs jours qu'elle semble « vouloir tomber », au point qu'elle donne toutes les apparences de « vouloir rester ». La chambre est si silencieuse que j'entends la racine de la dent tourner sur elle-même. Cela ressemble au bruit de froissement que fait une fleur en papier. Les feuilles penchent à peine vers l'extérieur. Je trouve impossible de ne pas m'imaginer ma grand-mère sous la terre, tenant entre ses doigts la racine de la fleur en papier, tandis que mon fils en agite innocemment le bulbe.

*

Deux mois plus tard. J'ai envoyé un e-mail à mon père pour lui demander quelle sorte d'arbre ma grand-mère voyait de sa fenêtre. Il m'a répondu : « Tu penses sans doute à ce magnifique érable japonais.

Malheureusement, il n'a pas survécu. On l'a remplacé par un sycomore, il est tout jeune. » Dans la première lettre de suicide, l'auteur note : « Pourtant la vie est un état transitoire, et même les arbres finissent par tomber. » La dent définitive de mon fils a commencé à percer à la racine.

*

Quand Stephen Hawking a présidé la cérémonie de signature de la Déclaration de Cambridge sur la Conscience, il a avancé l'idée que, comme les humains, les animaux que nous mangeons ont une conscience, « ainsi que la capacité de se livrer à des comportements intentionnels ». De façon générale, nous traitons nos congénères avec humanité parce que nous respectons leur conscience. C'est également la raison pour laquelle de nombreux végétariens ne consomment pas de produits d'origine animale. Et c'est également ce que nous voudrions faire valoir face à un extraterrestre puissant pour qu'il traite les humains de la même façon.

Mais que se passerait-il si cet extraterrestre ne considérait pas la conscience comme suffisante ? Que se passerait-il s'il voulait savoir ce que les humains avaient fait de cette conscience ? Nous avons peut-être « la capacité de [nous] livrer à des comportements intentionnels », mais comment l'utilisons-nous ? Il vaut mieux ne pas infliger de douleurs inutiles à un être capable de ressentir de la douleur, mais est-ce un argument suffisant pour le laisser vivre ? J'ai toujours trouvé facile de m'opposer à l'élevage industriel, alors que dire non à la consommation de viande en soi m'est toujours apparu comme un défi. Comment peut-on défendre l'idée de notre survie ?

*

Mon plus jeune fils me demande de rester près de lui jusqu'à ce qu'il s'endorme. Parfois quand je suis assis là, je pense à la dernière nuit que ma mère avait passée avec son père, lors de laquelle il ne cessait de l'embrasser et de lui dire qu'il l'aimait. Parfois je ressens déjà la perte de ce que je n'ai pas encore perdu, comme si, à travers ce tableau, je voyais déjà le mur nu derrière.

J'écris souvent en attendant d'entendre la respiration de mon fils devenir régulière – le cliquetis des touches l'assure de ma présence – et je suis assis sur le plancher de sa chambre en ce moment. À des signes presque imperceptibles, je sais qu'il est déjà trop grand pour son pyjama, que mon fils est déjà trop grand pour moi. Je sais ce que je refuse de croire : aucun empire n'est assez vaste ni assez petit pour durer toujours.

Chaque fois que nous prononçons le mot « crise », nous disons aussi « décision ». Nous devons décider ce qui viendra grandir à notre place – il nous faut planter notre compensation, notre revanche. Nos décisions détermineront non seulement comment les générations futures nous jugeront, mais surtout si elles existeront encore pour pouvoir nous juger.

Nous considérons les actions des civils durant la Seconde Guerre mondiale depuis le point de vue des vainqueurs. Gagner la guerre avait exigé de ravager des vies, des paysages et des cultures. Nous regardons peut-être ces maisons aux lumières éteintes avec admiration, mais il est davantage probable que nous y repensons en nous disant : *C'était le moins qu'ils puissent faire.*

Que se serait-il passé si les gens avaient refusé de consentir à ces efforts aux États-Unis, et si nous avions perdu la guerre ? Que se serait-il passé si le coût n'avait pas été seulement extrême, mais total ? Non plus quatre-vingts millions, mais deux cents millions et plus ? Non pas l'occupation de l'Europe, mais la domination du monde entier ? Non pas un holocauste mais l'extermination absolue ? Si nous existions encore, nous regarderions le refus collectif de sacrifices comme une atrocité à la mesure de la guerre elle-même.

De nombreuses fois au cours de l'histoire, des populations humaines en ont poussé d'autres jusqu'au gouffre de l'éradication totale. Aujourd'hui, l'espèce humaine entière se menace d'un suicide de masse. Non pas parce que quiconque nous y force. Non pas parce que nous ne savons pas comment faire autrement. Non pas parce que nous n'avons pas le choix.

Nous sommes en train de nous éliminer parce que choisir la mort est plus facile que de choisir la vie. Parce que ceux qui se suicident ne sont pas les premiers à mourir. Parce que nous croyons qu'un jour, quelque part, un génie ne pourra qu'inventer une technologie miracle qui changera le monde, nous exemptant d'avoir à transformer nos vies. Parce que le plaisir à court terme est plus séduisant que la survie à long terme. Parce que personne ne veut exercer sa « capacité de se livrer à des comportements intentionnels » avant que quelqu'un d'autre ne l'ait fait. Avant que les voisins ne l'aient fait. Avant que le secteur de l'énergie et l'industrie automobile ne l'aient fait. Avant que le gouvernement fédéral ne l'ait fait. Avant que la Chine, l'Australie, l'Inde, le Brésil, le Royaume-Uni… Avant que le monde entier ne l'ait fait. Parce que nous ne voulons pas voir la mort devant laquelle nous passons tous les jours. « Il faut faire quelque chose », nous disons-nous les uns aux autres, comme si ce mantra suffisait. « Il faut faire quelque chose », répétons-nous, et ensuite nous attendons des instructions qui ne sont pas près de venir. Nous savons que nous choisissons notre propre fin ; nous ne voulons simplement pas y croire.

Chaque fois que nous respirons, nous inhalons les molécules du dernier souffle de César. Et celui de Sojourner Truth, John Wilkes Booth ; Hannah Arendt et Henry Ford ; Mahomet, Jésus, Bouddha, et Confucius ; Roosevelt, Churchill, Staline et Hitler ; Enrico Fermi, Jeffrey Dahmer, Léonard de Vinci, Emily Dickinson, Thelonious Monk, Cléopâtre, Copernic, Nina Simone, Thomas Edison et J. Robert Oppenheimer ; le dernier souffle de tous ces héros et de tous ces scélérats, de tous ces créateurs et de tous ces destructeurs.

Mais la plupart de ces molécules exhalées proviennent de citoyens ordinaires, de gens comme nous. Je viens de respirer celles de ma grand-tante qui disait : « Tu as de la chance de partir. » Et le silence que ma grand-mère avait partagé avec sa mère avant sa fuite. Et mon grand-père disant à ma mère qu'il l'aimait en yiddish, cette dernière nuit. Et Frankfurter qui déclarait : « Mon cerveau, mon cœur sont faits de telle façon que je ne peux pas l'accepter. » Plus de cent milliards d'individus ont vécu sur la planète avant nous. Chaque fois que nous respirons, nous pourrions nous demander si nous sommes dignes de ce qui nous a été donné.

Soit nous nous lèverons pour affronter la crise de la planète, soit nous ne le ferons pas. Nous formerons une vague, ou bien nous nous noierons. Si nous sommes incapables de vaincre notre agnosticisme et de changer de comportement d'une façon que nous *savons* être nécessaire, comment nos descendants nous jugeront-ils ? Sauront-ils qu'ils ont hérité d'un champ de bataille parce que nous nous sommes montrés incapables de respecter le couvre-feu ?

Quand, adolescente, ma grand-mère s'enfuit pour échapper aux nazis, elle ne sauvait pas qu'elle-même : elle sauvait ma mère, mes frères, moi, mes enfants, mes nièces, mes neveux, et tous ceux qui viendront après nous. La vie n'est pas toujours indispensable dans l'abstrait, mais elle est toujours indispensable dans sa singularité. Certains êtres humains survivront au dérèglement climatique au sein de populations éparpillées et vulnérables. Mais comme le montrent les archives géologiques dans le cas de toutes les autres extinctions de masse, les espèces qui survivront seront presque certainement anéanties par l'extinction suivante. Leur population et leurs ressources seront devenues trop faibles pour résister une seconde fois.

Même si les humains survivent au réchauffement de la planète, le prochain déluge mémorable mettra sans doute fin à notre bref règne sur cette planète. Ce pourrait être un virus mortel, une sécheresse, un âge de glace, une éruption volcanique. Peut-être l'épuisement des ressources sera-t-il l'étincelle qui allumera une guerre ultime.

À un moment ou un autre, si ce n'est pas lors de notre première tentative, nous finirons par trouver la mort que nous avons cherchée.

Et ensuite notre planète continuera de tourner aveuglément en orbite pour l'éternité, tel un roc sans intelligence parmi d'autres rocs sans intelligence dans un univers sans intelligence. La brève expérience de la conscience humaine – apprendre des mots, planter des semences, mesurer l'espace entre les barreaux d'une cage à poules, asticoter les dents qui bougent, collecter des bonbons le jour de Halloween, glisser un crayon sous un plâtre, confectionner des hauts-de-forme et de fausses barbes en carton, faire des cocottes en papier, planter des drapeaux, décider de passer la main au poker, partager des selfies, réprimer sa jalousie, élever des pylônes pour apporter l'électricité à des communautés isolées, construire des piliers pour édifier des ponts magnifiques, ramer dans la zone des calmes équatoriaux, mettre les drapeaux en berne, se débrouiller tant bien que mal pour replier des cartes routières, trouver la bonne taille d'une bague de fiançailles, lancer des télescopes dans l'espace pour voir encore plus loin dans le passé, couper des cordons ombilicaux, amortir les prêts, vérifier la température du lait contre son poignet, réparer un toit, laisser passer les ambulances, courir pour échapper aux ouragans, préparer son testament, mal se rappeler les maisons de l'enfance, choisir des traitements contre le cancer, jeter au panier des oraisons funèbres inadaptées, avancer de quelques minutes sa montre pour éviter d'être en retard, éteindre les lumières pour économiser l'électricité ou préserver un mode de vie libre –, tout cela sombrera pour toujours dans l'oubli.

Ou peut-être y aura-t-il une vie après nous. Et peut-être les prochains habitants de ce qui fut un jour notre maison arriveront-ils assez rapidement après notre disparition pour trouver les artefacts de notre passage : fragments de constructions en pierre, débris de plastique, amas inhabituels de silicone. Peut-être trouveront-ils des empreintes humaines dans une grotte au sud de l'Argentine, remontant à l'an 7300 avant l'ère chrétienne, et des traces de pas sur la Lune ; ils supposeront sans doute que les unes et les autres étaient des formes d'expression tout aussi primitives, ou tout aussi sophistiquées. Peut-être exposeront-ils nos restes dans un musée, accompagnés par des textes qui formuleront des hypothèses sur nos intentions et sur ce que cela signifiait d'être humain :

Ils préféraient vivre en groupes, parfois réduits à deux. Ils s'alimentaient quand ils n'avaient pas faim, avaient des activités sexuelles en dehors de la procréation, et acquéraient des biens et des savoirs superflus. Ils luttaient contre l'hydratation et la gravité. Ils enregistraient leurs expériences au moyen d'outils d'écriture qui disparaissaient à l'usage. Leurs cheveux changeaient habituellement de couleur, mais pas leurs yeux. Ils joignaient les mains pour exprimer leur approbation, et même les incroyants cachaient leurs pieds. Ils soulevaient de lourds objets, réalignaient leurs dents. Les vivants avaient besoin d'une certaine distance d'avec les morts, mais les morts, de proximité les uns avec les autres. Ils portaient des noms, mais très peu d'entre eux un nom unique. Ils parlaient de nombreuses langues, avaient divers systèmes de mesure, mais aucune langue ni système de mesure universels. Ils payaient des inconnus pour se faire toucher le dos. Ils avaient un goût certain pour les fauteuils, les choses dérisoires, l'intimité et l'exposition au public (mais rien entre les deux), les minéraux qui réfléchissent la lumière, les rectangles de verre, la violence organisée. Chaque groupe choisissait certains membres pour les vénérer. Ils s'efforçaient de demeurer conscients dans le noir. Ils ne portaient pas de combinaisons blindées. Ils recherchaient les miroirs pour confirmer l'existence de ce qu'ils ne voulaient pas voir. Leur vision était sérieusement limitée. Ils laissaient passer la date de leur mort chaque année sans en faire cas, et soufflaient dans des vessies en caoutchouc pour commémorer leur naissance. Leurs besoins étaient plus grands que leurs moyens. Ne rien faire pour sauver leur espèce exigeait la participation de tous. Ils commençaient d'abord tous par être des bébés et, considérés collectivement – par rapport à l'histoire de cette planète –, ils étaient extraordinairement jeunes.

Lettre de vie

Mes garçons,

Parce que j'ai passé tellement de temps avec Bubbe au cours des deux derniers mois, je l'avais souvent à l'esprit en écrivant ce livre. Cela avait un certain sens, étant donné les thèmes abordés : la survie, la responsabilité générationnelle, les fins et les débuts. Mais j'ai aussi vite cessé de me préoccuper du sens. Il y a une phrase qui revient comme un refrain dans la première lettre de suicide : « À qui suis-je en train de m'adresser aujourd'hui ? » Cette question se répète au cours de la discussion que poursuit l'auteur avec lui-même, comme si la réponse était de nature à résoudre la querelle. Ma lettre n'est en aucun cas une lettre de suicide – c'est même tout l'inverse – mais, en écrivant, je suis moi aussi retourné à ce refrain : *À qui suis-je en train de m'adresser aujourd'hui ?* J'ai commencé ce livre avec le désir de convaincre des inconnus de faire quelque chose. Et tout en continuant à espérer y parvenir, alors que j'approche de la fin, je m'aperçois que c'est à vous seulement que j'ai envie de m'adresser.

J'allais prendre un train pour Washington pour voir Bubbe ce matin, mais j'ai décidé d'attendre le week-end pour vous amener avec moi. Grand-Maman m'a appelé peu de temps après que je suis rentré d'aller vous conduire à l'école et m'a dit que Bubbe venait de mourir. Je suis allé tout droit à Penn Station, j'ai dormi durant le trajet de l'Amtrack, et suis arrivé chez vos grands-parents à l'heure du déjeuner. Je me trouve maintenant dans la chambre de Bubbe. L'entreprise de pompes funèbres ne va pas venir chercher son corps avant deux ou trois heures. Je suis assis près de son lit. Julian et Jeremy ont passé un moment ici. Judy aussi. Grand-Papa et Grand-Maman sont entrés et sortis par intermittence. Maintenant je suis seul. C'est tout à fait étrange de ne plus voir le drap qui la recouvre se soulever et retomber. Je continue à guetter et à attendre ce moment, et il continue de ne pas se produire. Et pourtant, la chambre semble tout aussi pleine de sa présence que toujours. Son cœur n'a pas besoin de battre pour que je l'entende.

*

Votre arrière-grand-père, le mari de Bubbe, s'est donné la mort quelques années après avoir quitté l'Europe pour l'Amérique. Je ne suis pas sûr que vous le sachiez – ou que vous sachiez que vous le saviez. C'est une des choses dont on ne parle jamais. Il avait survécu à la Shoah, mais il ne pouvait pas survivre à sa propre survie. Il est mort vingt-trois ans avant ma naissance et, jusque récemment, je ne savais rien d'autre de lui que ce que j'avais pu glaner des quelques histoires que Grand-Maman me racontait – des histoires qui, pour la plupart, racontaient combien il était intelligent et plein de ressources. J'avais plus de trente ans quand j'ai appris qu'il s'était suicidé. Il m'a fallu reconstituer l'histoire par moi-même. Au cours des quelques dernières années, Grand-Maman a été plus ouverte à ce sujet. Récemment, elle m'a montré quelques bouts de papier trouvés dans ses poches quand il est mort – les fragments d'une lettre de suicide. Le premier commence par les mots : « Mon Etel est la meilleure femme du monde. »

N'est-il pas étrange que le début de sa lettre de suicide ait des allures de carte de Saint-Valentin ? Albert Camus a écrit dans *Le Mythe de Sisyphe* : « Ce qu'on appelle une raison de vivre est en même temps une excellente raison de mourir. » Votre arrière-grand-père aimait profondément sa famille. La tristesse et la joie ne sont pas nécessairement antinomiques. Elles sont toutes les deux le contraire de l'indifférence.

Peut-être qu'un jour je vous ferai voir ces bouts de papier que Grand-Maman m'a montrés. Ils n'ont jamais été rassemblés pour former un texte, ne s'adressaient à personne, n'expliquaient rien. Je les ai décrits comme une lettre de suicide, mais en fait je ne sais pas comment on appelle des fragments de ce genre.

*

Quinze ans après le suicide de votre arrière-grand-père, Neil Armstrong a posé le pied sur la Lune. Grand-Maman l'a regardé à la télévision avec Bubbe. Est-ce que vous ne trouvez pas dommage de n'avoir pas déjà été là pour voir cet événement ? Vous arrive-t-il de penser à toutes les choses du passé que vous n'avez pas pu voir ou à toutes celles de l'avenir que vous ne vivrez pas assez longtemps pour voir ? Je viens de vous imaginer en train de lire ces mots quand je ne serai plus là.

Tandis qu'Armstrong se préparait à sa mission, l'homme qui écrit les discours du président avait rédigé quelques remarques au cas où les astronautes seraient naufragés sur la Lune. Voici le début de ce discours, intitulé : « En cas de désastre sur la Lune » :

> Le destin a voulu que les hommes qui se sont rendus sur la Lune pour une mission d'exploration pacifique y restent pour reposer en paix. Ces hommes courageux, Neil Armstrong et Edwin Aldrin, savent qu'il n'y a aucune chance de pouvoir les sauver. Mais ils savent aussi que leur sacrifice constitue un espoir pour l'humanité. Ces deux hommes offrent leur vie pour le plus noble des objectifs de l'humanité : la recherche de la vérité et de la connaissance.

Si vous y réfléchissez, quelle différence y a-t-il entre un astronaute échoué sur la Lune et une personne qui vit sur la Terre ? On pourrait dire que les deux ont fait naufrage. Et qu'aucun des deux n'a le moindre espoir d'être « sauvé », au sens où tous ceux qui vivent doivent mourir. On pourrait même dire que « leur sacrifice constitue un espoir pour l'humanité », si on croit que la plupart des gens passent leur existence à contribuer à la création du monde plutôt qu'à sa destruction. La différence entre ces deux situations est que, entre aujourd'hui et le moment de notre mort, seuls ceux d'entre nous qui avons eu la chance d'avoir échoué sur Terre peuvent nous faire nous sentir « chez nous ».

Quand Grand-Maman et Bubbe ont regardé l'alunissage, elles ont entendu Armstrong prononcer ce qui est sans doute devenu la phrase la plus célèbre dans l'histoire de l'humanité : « *One small step for man, one giant leap for mankind* » (« Un petit pas pour l'homme, un pas de géant pour l'humanité »). Il avait eu l'intention de dire « *One small step for* a *man* », mais dans l'émotion du moment, il avait oublié un tout petit mot. En minuscule, l'article indéfini « *a* » est parmi les plus petits vocables qui soient en anglais. C'est la seule lettre qui forme un mot à elle seule. Peut-être l'avait-il inconsciemment omis dans sa déclaration parce qu'il savait qu'il n'était pas seul et qu'il ne s'agissait pas seulement de lui. Probablement pas.

Il avait voulu faire référence au pas unique d'un individu, mais sans le « *a* », cela devenait un petit pas pour la race humaine, « *man* » sans article désignant l'humanité entière : « Un petit pas pour l'humanité, un pas de géant pour l'humanité. »

Pour contribuer à la création du monde, plutôt qu'à sa destruction, un individu doit agir au nom de toute la communauté. L'humanité fait des pas de géant là où les individus n'en font que de petits.

Le texte de « En cas de désastre sur la Lune » était exposé à la Bibliothèque publique de New York durant la période où j'y allais chaque jour pour travailler à mon premier roman. Je le regardais durant les pauses, conscient qu'il me révélait quelque chose, sans vraiment savoir quoi.

Cinq ans plus tard, j'allais être père. Je suis allé dans une petite épicerie et j'ai repéré un litre de lait dont la date de péremption dépassait celle de la naissance prévue de Sasha. Et j'ai *cru*, pour la première fois, qu'il allait naître. Même si j'avais vu des échographies, que je l'avais senti bouger dans le ventre de Maman, suivi les progrès de sa croissance, la naissance d'un enfant était quelque chose de trop inouï, de trop énorme pour que je puisse l'intégrer. Mais j'avais plusieurs fois fait l'expérience de ce qui se produit quand la date de péremption est dépassée.

Le familier était ma passerelle vers l'inconnu, tout comme l'inconnu (la terreur improbable de se retrouver échoué sur la Lune) était ma passerelle vers le familier (la chance improbable de se sentir chez soi sur Terre). Le discours que Nixon n'avait jamais prononcé m'avait aussi rendu plus admiratif de ce qui s'était effectivement passé – il me semblait soudain miraculeux que nous ayons envoyé des hommes sur la Lune et que nous les ayons ramenés sur Terre. Cette histoire m'a été racontée tant de fois qu'aucune autre issue ne m'avait paru possible jusqu'à ce qu'on me la fasse toucher du doigt. C'est sans doute la raison pour laquelle je ne cessais de retourner lire ce texte durant mes pauses – il s'adressait à des gens d'une autre époque, pour les aider à envisager ce qui ne s'était pas passé, mais il nous était aussi adressé pour nous aider à comprendre ce qui s'était effectivement produit.

Si nous pouvions lire un texte intitulé « En cas de dérèglement climatique catastrophique », ou exhumer les témoignages de générations à venir, ou prendre rendez-vous avec l'équivalent d'un Karski pour nous entendre décrire une horreur environnementale sans précédent, ou recueillir une bouteille jetée à la mer contenant un message de notre arrière-arrière-arrière-petit-enfant, ou encore trouver des fragments de notre propre lettre de suicide dans les poches de nos vêtements, ces preuves pourraient-elles jeter une passerelle entre l'inconnu et le familier et nous aider à comprendre ? Croirions-nous à ce que nous aurions compris ?

*

Quand j'avais votre âge, j'avais pour habitude de fouiller dans le placard de Grand-Maman et Grand-Papa, en espérant trouver quelque chose que je ne voulais pas trouver : des préservatifs, de la marijuana, peut-être même un magazine porno. Vos grands-parents étaient soit plus collet monté que je n'étais prêt à l'admettre, soit ils étaient plus doués pour cacher les secrets. La seule chose inattendue que j'y aie jamais trouvée était une enveloppe dans la commode de Grand-Papa, au fond d'un tiroir où il gardait des chaussettes noires et des balles de squash. Il avait noté dessus : « Pour ma famille ».

Je n'osais pas l'ouvrir parce que cela aurait trahi mon passe-temps favori, mais je ne ressentais pas non plus l'envie de l'ouvrir. Elle est toujours là, je m'en assure de temps en temps. (Je viens de le faire il y a deux minutes.) Je sais qu'il l'a parfois corrigée, parce que la calligraphie de « Pour ma famille » change – la taille des caractères, la couleur de l'encre. Mais alors que je ne peux pas exclure la possibilité que l'enveloppe renferme des préservatifs, de la marijuana, un magazine porno, ou un message qui dise « Arrête de fouiller dans mes affaires », j'ai toujours été certain de son contenu : quelques phrases concises sur l'amour qu'il portait à sa famille, suivies par des informations soigneusement classées sur la planification de la succession, ses polices d'assurance, ses comptes en banque, ses coffres, la parcelle réservée au cimetière, les dons d'organes, et tout le reste. Tout cela ressemble tellement à Grand-Papa. Il y a une période de ma vie où cela me rendait fou. Pourquoi ne pouvait-il pas être plus sentimental, plus expressif ? Où était le grain de folie que devrait exiger une vie au terme inéluctable ?

Mais ensuite je suis devenu adulte, je vous ai eus, et maintenant je comprends différemment. Grand-Papa était le genre d'homme à demander les conseils d'un comptable s'il avait peur de ne pas avoir payé assez d'impôts. Il a mangé de la viande rouge deux fois par jour pendant la plus grande part de sa vie, mais de manière frappante, il est devenu végétarien après que ses parents furent morts de crise cardiaque. Votre grand-père a probablement adressé une centaine de lettres jamais publiées au Courrier des lecteurs de différents journaux et magazines.

À qui s'adressent les lettres non publiées qu'on envoie au Courrier des lecteurs ?

Comment appelez-vous une lettre comme celle qui se trouve dans sa commode ?

*

Quarante-trois ans après que Neil Armstrong eut posé le pied sur la Lune et dit : « Un petit pas pour l'homme... », un artiste nommé Trevor Paglen envoya dans l'espace une centaine de photographies micro-gravées sur un disque en silicium enfermé dans un boîtier en plaqué or. Son objectif était de créer des images qui dureraient « aussi longtemps que le Soleil, et même plus longtemps ». En 2012, ce disque a été lancé sur « une orbite stable » (ainsi nommée car, à une altitude de 35 785 kilomètres, les effets de la gravité et les forces centripètes s'équilibrent) et, tant que les futurs êtres humains et les extraterrestres ne s'en mêlent pas, il continuera de tourner autour de la Terre jusqu'à ce qu'il n'y ait plus de Terre à tourner.

Paglen avait choisi des clichés qui vont du photojournalisme à un art presque abstrait, du didactique à l'impressionnisme : la fabrication d'une bombe atomique, des orphelins qui découvrent la mer, le ciel à travers des branches en fleur, des enfants qui sourient dans des camps d'internement japonais pendant la Seconde Guerre mondiale, la rampe de lancement d'une fusée, des calculs primitifs gravés sur une tablette de pierre...

Je ne sais pas ce qu'il voulait dire par ces choix. Il y a un cliché du cerveau de Trotski, le décor de *La Conquête de la planète des singes*, l'intérieur d'un élevage industriel, Ai Weiwei faisant un doigt d'honneur à la tour Eiffel, des empreintes de dinosaures, la profondeur de l'espace telle qu'on la découvre à l'aide de Hubble, la construction du barrage Hoover, un pissenlit, Tokyo la nuit vue d'en haut…

L'assistante de Paglen, Kathy Detwiler, a expliqué qu'ils ne voulaient clairement pas que « le projet soit, ni même apparaisse comme, une quelconque tentative de représenter l'humanité – comme s'il s'agissait d'une identité stable et monolithique ». Les photographies ne semblent pas tenter de communiquer avec d'autres formes de vie intelligente. Au contraire du « Disque de *Voyager* », conçu par Carl Sagan – qui comprenait des messages oraux dans cinquante-cinq langues anciennes et modernes et de la musique de toutes les cultures, ainsi que des images d'équations mathématiques et physiques, du système solaire et ses planètes, de l'ADN et de l'anatomie humaine –, il semble n'y avoir dans ce cas aucune volonté d'expliquer la Terre et ses habitants. Le conservateur de musée João Ribas le décrit comme « un message cosmique dans une bouteille ».

En 1493, revenant du Nouveau Monde vers l'Espagne, le bateau de Christophe Colomb essuya une terrible tempête dans l'Atlantique Nord, et il craignit que lui et son équipage ne se noient. En conséquence, il écrivit au roi Ferdinand et la reine Isabelle pour exposer ses découvertes, enveloppa le message dans du coton imprégné de paraffine, plaça le tout dans un tonnelet, qui fut ensuite jeté à la mer. Il est possible que ce tonnelet flotte encore dans l'océan quelque part, comme la minuscule lettre omise par Neil Armstrong dans l'espace, coexistant avec toutes les autres choses qui auraient pu se passer mais qui ne se sont pas produites, et toutes les choses qui se passeront mais qui ne se sont pas encore produites : le souffle de mon grand-père quand il aurait éteint les bougies de son quarante-cinquième anniversaire, le cri muet des passagers se retournant pour regarder ce qui était autrefois leurs maisons, le premier souffle du dernier humain.

Ces cent photos qui tournent autour de la Terre me rappellent les trente-cinq mille documents que les Juifs du ghetto de Varsovie ont enterrés durant la Shoah, et les semences protégées dans des chambres fortes en cas de catastrophe agricole. Et plus que tout, elles me rappellent les bouts de papier dans la poche de votre arrière-grand-père : des fragments qui ne disaient rien, qui n'expliquaient rien, qui ne posaient aucune question. Adressés à personne d'autre que lui-même, ils ne faisaient que témoigner.

*

Il existe de nombreuses raisons pour lesquelles je ne serai jamais astronaute : un défaut d'aptitudes physiques, un manque d'aptitude mentale, mon ignorance scientifique. Plus forte que toutes les autres, ma phobie de voler. Je parviens à la surmonter mais elle reste présente chaque fois que je prends place dans un avion. Désormais, elle ne se manifeste plus que comme une panique que je réussis à cacher durant les turbulences et un rituel au moment de l'envol : quand l'avion accélère pour décoller, je me répète à moi-même, plusieurs fois « Vivre encore. Vivre encore. Vivre encore ». À qui est-ce que je m'adresse ? Je suppose qu'une certaine part de moi croit qu'il y a un Dieu, et que si Dieu m'entendait et pouvait être persuadé de prendre soin de moi, cette simple déclaration d'amour pour la vie et cette demande qu'elle se poursuive pourraient suffire à m'assurer d'arriver à bon port. Mais je ne crois pas en Dieu, en tout cas pas un Dieu qui écoute et encore moins qui réponde à la prière.

Je ne pense pas que le pilote entende ma prière. Je ne crois pas que l'avion l'entende. Je ne crois pas que la météo l'entende non plus. Tandis que je fonce sur la piste et que je répète « Vivre encore. Vivre encore. Vivre encore », je pense précisément à cette vie qui est la mienne. Et j'y pense comme cela ne m'arrive jamais en d'autres circonstances. Ces pensées prennent la forme d'images. Elles ne sont pas gravées sur un disque de silicium et envoyées en orbite stable, là où elles pourront exister pendant des centaines de millions d'années. Elles fleurissent puis se fanent dans mon cerveau.

Moi, je suis affecté par ma prière. Comment appelle-t-on une prière comme celle-là ? Le contraire d'une lettre de suicide ? Dans la nouvelle de Flannery O'Connor, « Les braves gens ne courent pas les rues », un personnage voit son caractère résumé ainsi : « Elle aurait été quelqu'un de bien si on l'avait menacée de lui tirer dessus à chaque minute de sa vie. » Si je pouvais passer ma vie entière à foncer sur une piste, j'apprécierais davantage ce que j'ai que ce n'est le cas aujourd'hui. Mais si je devais passer ma vie entière à foncer sur une piste, je ne profiterais jamais de ce que j'aime, parce que je ne serais jamais à la maison.

*

Je suis de retour dans la chambre de Bubbe, même si elle n'y est plus. Deux employés des pompes funèbres sont venus il y a une heure pour l'emporter. S'il avait été paisible de rester auprès d'elle, les voir la préparer, puis la porter dans l'escalier et lui faire passer le seuil de la maison avait été plutôt horrible. Les voleurs de *La Joconde* l'avaient fait sortir du musée par la porte principale, ce qui rendit leur larcin d'autant plus choquant. Comment avait-on permis que cela se produise ?

Dans le judaïsme, il existe un rituel du deuil qu'on appelle *Kriah*, ce qui signifie « déchirure ». Les parents proches de quelqu'un qui vient de mourir déchirent un morceau de leurs vêtements pour symboliser la peine qu'ils ressentent. Quand Bubbe a été emportée, j'ai ressenti une déchirure – j'ai senti qu'on l'arrachait à moi.

Julian et Jeremy sont au rez-de-chaussée. Grand-Maman, Grand-Papa aussi. Ainsi que Frank. Je vais les rejoindre dans une minute, mais je voulais passer encore un peu de temps ici. Bubbe n'a pas quitté cette chambre durant tous les derniers mois de sa vie. Je me suis tellement habitué à penser à cet endroit comme à sa dernière demeure que j'en avais presque oublié que c'était la chambre de mon enfance. C'est là que j'ai lu *L'Attrape-cœurs*, appris ma *Haftarah* pour préparer ma bar-mitsva, découvert « OK Computer », examiné mes premiers boutons d'acné, me suis rasé pour la première fois, lu *Lolita*, préparé mes tests d'entrée à l'université, et répété un millier de fois comment je ferais pour inviter quelqu'un au bal de ma promotion. J'ai oublié tous les mots de ma *Haftarah*, de même d'ailleurs que l'intrigue de *L'Attrape-cœurs*, et cela fait un quart de siècle que je n'ai pas parlé à la fille que j'avais invitée. Mais toutes ces expériences étaient absolument essentielles pour moi au moment où je les vivais, et j'inhale toujours les molécules que j'avais expirées alors. Nous sommes reliés à nous-mêmes et aux autres à travers le temps et l'espace, et donc nous avons des obligations envers nous-mêmes et les autres, malgré la distance.

Que voulait dire cet artiste avec les images qu'il envoyait sur orbite ? Que nous existions ? Que nous n'étions pas sans importance ?

Personne ne poserait la question de l'importance de l'existence de Bubbe. La vie lui avait fait de nombreux cadeaux, mais elle avait été condamnée par l'histoire – par son courage, sa sagesse, et sa faculté de résistance – à faire figure de géante. Quand elle partageait le récit de cette vie si héroïque avec mes camarades aux cours de Talmud-Torah, ou même quand elle parlait dans l'intimité de notre salon, ce n'était jamais seulement ma grand-mère qui prenait la parole – elle *représentait* quelque chose, elle était une idée autant qu'une personne. Nous la prenions dans nos bras parce que nous l'aimions, mais aussi parce que nous sentions, même enfants, une obligation envers tout ce que nos bras ne réussissaient pas à étreindre.

Quand Bubbe faisait des sacrifices, c'est qu'ils lui apparaissaient comme une évidence. Elle avait marché plus de quatre mille kilomètres, enduré des températures glaciales, la maladie et la faim, pour échapper aux nazis. Et quand Grand-Maman et Julian sont nés, la raison pour laquelle elle gardait les coupons de réduction, faisait des rouleaux de pièces et ravaudait les vêtements déchirés était évidente. Il lui fallait garder ses enfants en bonne santé avec un toit sur la tête.

Faire face au dérèglement climatique exige une forme complètement différente d'héroïsme. La situation est sans doute moins impressionnante qu'échapper à une armée génocidaire, ou ne pas savoir où vous trouverez de quoi nourrir vos enfants au prochain repas, mais c'est peut-être tout aussi difficile, parce que la nécessité du sacrifice n'est pas évidente.

J'ai grandi dans cette chambre, et Bubbe y est morte. Cette pièce a vu se jouer certains de nos plus importants drames familiaux. C'était notre maison, même si elle n'avait pas été construite pour nous. Des gens y avaient vécu avant nous, et d'autres y vivront après. Nous avons des obligations envers ces gens – même ceux qui n'existent pas encore –, tout comme mes frères et moi ressentions une obligation envers les choses que Bubbe avait faites avant notre naissance, exactement comme elle ressentait une obligation envers nous avant même que nous ne venions au monde.

L'image vient de me traverser l'esprit, comme si je m'apprêtais à m'envoler dans un avion plutôt que de descendre l'escalier pour rejoindre les autres. Une image aussi éphémère et persistante qu'un souffle. Je pense au jour où nous avions loué une péniche pour naviguer sur le canal Érié. Vous, les garçons, deviez avoir neuf et six ans. Avant qu'on nous en donne la clé, il fallait que l'on reçoive des instructions pendant vingt minutes. Vous vous rappelez quand le guide nous avait demandé si nous savions comment attacher les amarres ? Et comment, sans attendre notre réponse, il avait ajouté : « Eh bien si vous ne savez pas faire de vrais nœuds marins, faites-en de faux, et serrez fort. » J'avais adoré. Nous avions tous adoré. Nous avions adoré nous pencher sur le classeur à anneaux qui contenait les cartes nautiques (même si le canal ne présentait aucune voie alternative), et nous avions adoré l'impression de vitesse que nous donnait notre arche, comparée à sa lenteur effective – vous vous souvenez que les gens qui faisaient leur jogging sur les berges nous dépassaient allègrement ? Nous avions adoré passer des appels radio aux éclusiers, préparer des biscuits-sandwichs à la guimauve sur l'unique brûleur, regarder les billets du Monopoly se faire emporter par une brise si forte que nous ne l'avions jamais vue se lever, pisser depuis l'arrière du bateau simplement parce que c'était possible, pousser à fond le faible moteur simplement parce que c'était possible, nous empiffrer de chocolat en poudre simplement parce que c'était possible, faire d'innombrables nœuds sous la pluie chaude. Vous aviez supplié qu'on vous laisse sauter à l'eau depuis le bateau et j'avais dû lutter contre mes réflexes de protection alors qu'il n'y avait aucun danger. Je vous revois tous les deux dans les airs : le sourire de Cy, les mains jointes devant lui comme pour saisir ce moment, aussi éphémère qu'une luciole. Les cheveux de Sasha, sa cage thoracique, son poing droit levé en un geste de… de quoi ? De triomphe sur la peur ? Un réflexe hérité de combats/fuites antérieurs à *Homo sapiens* ? Une déclaration d'amour à la vie ?

« À qui est-ce que je m'adresse aujourd'hui ? » répète sans cesse l'auteur de la lettre de suicide, en énumérant les raisons de renoncer. L'âme lui ordonne de « s'accrocher à la vie », lui explique que mourir, c'est comme « être arraché à sa maison ».

Il ne suffit pas de dire que nous voulons vivre encore, nous devons refuser de cesser de le répéter. Une lettre de suicide est rédigée une fois pour toutes ; les lettres de vie doivent être sans arrêt réécrites – en ayant des conversations honnêtes, en établissant des passerelles entre le familier et l'inconnu, en plantant des messages pour l'avenir, en exhumant les messages du passé, en exhumant des messages du futur, en discutant avec nos âmes et en refusant toujours de baisser les bras. Et il nous faut faire tout cela ensemble : les doigts de chacun serrés autour du même stylo, le souffle de chacun exhalant la même prière partagée. « Alors nous bâtirons une maison commune », conclut l'âme à la fin de la lettre de suicide, commençant peut-être déjà à écrire sa lettre de vie. Si chacun de nous discute avec soi-même, nous bâtirons une maison commune.

Appendice : 14,5 % / 51 %

Deux des études les plus fréquemment citées concernant les effets de l'élevage sur la crise environnementale – *Livestock's Long Shadow* (*L'Ombre portée de l'élevage*), publiée par la FAO (Organisation des Nations unies pour l'Alimentation et l'Agriculture) en 2006, et *Livestock and Climate Change* (« Bétail et dérèglement climatique »), publiée par l'Institut Worldwatch en 2009 – donnent deux séries de chiffres différents pour ce qui constitue l'une des données les plus importantes de la science de l'environnement : la proportion des émissions de gaz à effet de serre produites par le secteur de l'élevage. Ces chiffres représentent une sorte de super-statistique qui intègre et simplifie une réalité extrêmement complexe, et constituent l'argument le plus décisif dans le débat sur la nécessité impérative de changer notre rapport aux produits d'origine animale.

L'Ombre portée de l'élevage fut la première étude de ce genre à bénéficier d'une attention aussi considérable et, en affirmant que le secteur de l'élevage était responsable de 18 % des gaz à effet de serre au niveau mondial, elle s'attira à la fois acclamations et critiques. Pour l'essentiel, cependant, elle avait sonné l'alarme : ces 18 % représentaient davantage que tout le secteur des transports réuni.

En 2009, l'étonnement fut grand, par conséquent, de voir l'Institut Worldwatch publier sa réponse à *L'Ombre portée de l'élevage*. Ce nouveau rapport affirmait que l'élevage n'était pas responsable de 18 % des émissions de gaz à effet de serre au niveau mondial, mais en fait d'au moins 51 %. « Si ce calcul est exact, déclaraient les auteurs, cela implique que remplacer l'élevage par des solutions alternatives serait la meilleure stratégie possible pour renverser le dérèglement climatique. » Ils recommandaient une réduction de 25 % du nombre de têtes de bétail dans le monde, mais précisaient que pareille mesure « pourrait être mise en place dans des lieux sélectionnés de telle sorte que le cheptel puisse rester intact dans les communautés rurales défavorisées ».

Il paraît important de marquer une pause pour comprendre comment on en était arrivé à deux chiffres aussi différents, non seulement parce que pareil écart revêt une immense importance scientifique, mais aussi parce qu'il révèle comment notre compréhension de la planète peut s'éloigner de la réalité.

Robert Goodland et Jeff Anhang sont les auteurs du rapport de l'Institut Worldwatch « Bétail et dérèglement climatique », dont le sous-titre était : « Et si les acteurs clés du dérèglement climatique étaient... les vaches, les porcs et les poules ? » [points de suspension dans l'original]. Ceux qui s'empressèrent de remettre en question la crédibilité de ce rapport, y compris des auteurs de *L'Ombre portée de l'élevage*, affirmèrent qu'il n'avait pas été revu par un comité de lecture. D'autres – incluant les auteurs – ripostèrent que si, alors que le rapport publié par la FAO ne l'avait pas été.

Jeff Anhang travaille pour la SFI (Société financière internationale, appartenant au Groupe de la Banque mondiale). Robert Goodland, décédé en 2014, était professeur de science écologique et conseiller de la Banque mondiale sur les questions environnementales. Titulaire d'un doctorat en science écologique, il avait été président de l'Association internationale pour l'Évaluation des Impacts sur l'Environnement. En retraite de l'Institut Worldwatch depuis 2001, il avait conduit des études sur l'impact environnemental et social dans le cadre de plus d'une douzaine de projets internationaux. En d'autres termes, il était tout sauf un militant des droits des animaux ou un dilettante.

Dans un article de 2012 publié dans le *New York Times*, Goodland déclarait :

> L'écart essentiel entre les chiffres de 18 et de 51 % s'explique par le fait que ce dernier prend en compte la croissance exponentielle de la production de l'élevage (aujourd'hui plus de soixante milliards de têtes de bétail par an), qui va de pair avec une déforestation et l'incendie volontaire des forêts à grande échelle. Cette situation est responsable du déclin spectaculaire de la capacité de photosynthèse de la planète, ainsi que d'une augmentation considérable et toujours accélérée de la volatilisation du carbone du sol.

Dans le résumé opérationnel du rapport de l'Institut Worldwatch, Goodland et Anhang développent l'idée que la baisse de l'absorption du carbone associée à la déforestation commanditée par l'élevage industriel doit entrer dans les calculs.

> La FAO calcule les émissions qu'on peut attribuer à la conversion des terres agricoles désormais consacrées à l'élevage, mais seulement la quantité relativement faible de gaz à effet de serre due à ces conversions chaque année. Bizarrement, elle ne tient pas compte de l'importance

beaucoup plus significative de la réduction des gaz à effet de serre par photosynthèse qui n'a plus lieu aujourd'hui, étant donné que 26 % des terres cultivables à l'échelle mondiale sont utilisées comme pâturages pour le bétail et 33 % pour produire le fourrage, plutôt que de permettre aux forêts de se régénérer. Le seul fait de laisser la forêt se régénérer sur une surface significative de terres tropicales utilisées pour les pâturages et le fourrage pourrait potentiellement abaisser *de moitié et même plus toutes les émissions de gaz à effet de serre.*

Dans le suivi de leur article, publié en 2010 pour répondre aux questions du public, Goodland et Anhang défendent leur choix d'inclure dans leurs calculs l'absorption désormais réduite du carbone, en expliquant : « Nous pensons que tenir compte de la magnitude de pareille réduction est scientifiquement justifié parce qu'elle équivaut à une augmentation d'émissions de la même importance. »

Goodland et Anhang corrigent encore les chiffres du rapport de la FAO en identifiant plusieurs autres émissions de gaz à effet de serre (GES) inexpliquées, passées sous silence ou attribuées à des sources erronées. Parmi celles-ci : la surexploitation des terres agricoles, la sous-estimation du méthane, les chiffres de têtes de bétail minimisés. Ils affirment que la FAO s'est abusivement appuyée sur des données établies dans le Minnesota, ce qui ne va pas sans causer de problème parce que les méthodes d'élevage y sont plus efficaces que dans le monde en voie de développement, où ce secteur connaît l'expansion la plus rapide. Les auteurs relèvent que, dans certains chapitres, *L'Ombre portée de l'élevage* « utilise des chiffres inférieurs à ceux qui apparaissent dans les statistiques de la FAO et ailleurs ». De surcroît, la FAO ne prend pas en compte la déforestation dans certains pays (comme l'Argentine) et ne fait pas entrer dans ses calculs la pisciculture.

Finalement, la FAO ne prend pas la peine d'expliquer « la quantité substantiellement plus importante de gaz à effet de serre » imputable aux produits issus du bétail plutôt qu'à ceux qui proviennent des plantes. La viande exige ainsi d'être réfrigérée, ce qui implique l'utilisation d'hydrofluorocarbures (HFC) – des composés chimiques qui ont un potentiel de réchauffement global jusqu'à plusieurs milliers de fois supérieur à celui du CO_2. La cuisson des produits d'origine animale génère infiniment plus de gaz à effet de serre que celle des aliments alternatifs. La FAO ne mentionne pas non plus les émissions de gaz associées au traitement des déchets liquides et des sous-produits animaux comme les os, le pelage, la graisse et les plumes – qui sont soit détruits soit distribués.

Goodland et Anhang soulignent aussi que les auteurs du rapport de la FAO ont utilisé des informations périmées. Par exemple ils font appel à un PRG (Potentiel de Réchauffement global) du méthane de 23 sur une période de cent ans, alors que le Groupe d'Experts International sur l'Évolution Climatique évalue ce PRG à 25. (Sur une durée de vingt-cinq ans, le PRG du méthane est de 72.) En utilisant ces chiffres dépassés, la FAO calcule que le méthane est responsable de 3,7 % des émissions globales de gaz à effet de serre. « Quand le PRG du méthane est rapporté à une période de vingt ans, objectent Goodland et Anhang, le méthane émis par le bétail est responsable de 11,6 % des émissions globales de gaz à effet de serre. Ce nouveau calcul fait passer les gaz à effet de serre dont le bétail est responsable à 5,047 millions de tonnes de CO_2. » Pour dire les choses plus simplement, quand on rapporte la capacité du méthane à piéger la chaleur sur une période de temps plus courte, on constate qu'il contribue à des émissions beaucoup plus importantes.

Imaginez que vous soyez dehors par un jour d'été particulièrement chaud et qu'on vous tende une couverture. On vous explique qu'il faut la porter pendant dix heures. Pendant les deux premières, ce sera une couverture électrique, trois fois plus chaude qu'une couverture normale. Puis on coupera l'électricité. Se baser sur vingt-cinq plutôt que cent ans pour calculer les émissions de gaz revient à vous demander quel degré de chaleur vous avez ressenti au cours des deux premières heures plutôt que sur la totalité du temps que vous avez passé sous cette couverture.

Imaginez maintenant que, en théorie, votre corps puisse supporter cette chaleur globale, l'évaluation reste néanmoins non pertinente parce que la chaleur aura été si intense durant les deux premières heures que vous aurez fait une crise cardiaque et aurez été transporté à l'hôpital. Parce qu'il ne nous reste que vingt ans pour corriger le dérèglement climatique, de nombreux scientifiques s'accordent à dire qu'il faut calculer le PRG des effets de gaz à effet de serre à court terme. 2 °C de réchauffement climatique constituent un « point de bascule », après quoi les boucles de rétroaction pourraient bien générer un réchauffement incontrôlable et, de fait, mortel.

Par ailleurs, « les chiffres cités par la FAO pour exposer différents aspects des gaz à effet de serre attribuables au bétail remontent aux années 1964, 1982, 1993, 1999 et 2000. Aujourd'hui, ces émissions seraient plus importantes ».

Une autre source majeure de dioxyde de carbone n'a pas été prise en compte dans *L'Ombre portée de l'élevage* : la respiration du bétail. Les auteurs du rapport de la FAO, Henning Steinfeld et Tom Wassenaar, affirment que ce facteur ne devrait pas être comptabilisé, en se fondant sur le fait que « les émissions de gaz provoquées par la respiration du bétail font partie d'un cycle biologique rapide, au cours duquel la matière botanique consommée a été elle-même créée par la conversion de CO_2 atmosphérique en composés organiques ». Selon eux, les quantités émises et absorbées étant équivalentes, la respiration du bétail n'a pas à être prise en compte dans le calcul des GES par le Protocole de Kyoto. (Le Protocole de Kyoto a établi des impératifs de réduction des émissions. Il a été adopté en 1997, et sa période d'engagement a commencé en 2008.)

Goodland et Anhang, cependant, avancent un argument très convaincant en faveur du comptage de la respiration du bétail et affirment qu'elle est effectivement considérée comme une source d'accroissement net des émissions par le Protocole de Kyoto. Ils soulignent que la consommation de viande n'est pas essentielle à la vie humaine et que de grandes fractions de la population mondiale ne mangent pas de produits d'origine animale. « Aujourd'hui, expliquent-ils, des dizaines de milliards de têtes de bétail supplémentaires exhalent davantage de CO_2 qu'à l'ère préindustrielle, alors que la capacité de photosynthèse de la planète a baissé de manière drastique depuis le début de la déforestation. » Ils font ensuite état d'une estimation selon laquelle le CO_2 provenant de la respiration du bétail est responsable de 21 % des gaz à effet de serre anthropogènes à l'échelle de la planète. Dans le texte du suivi, Goodland et Anhang ajoutent que « la quantité de carbone que la respiration animale et l'oxydation des sols libèrent dans l'atmosphère excède celle qui est absorbée grâce à la photosynthèse d'un à deux milliards de tonnes par an ».

En résumé, au contraire des bisons sauvages qui paissaient dans les plaines de l'Amérique précoloniale, les activités de l'élevage industriel *n'obéissent pas* au cycle naturel du carbone – surtout si l'on considère combien de forêts capables de l'absorber ont été détruites, soit pour faire place aux animaux, soit pour planter le maïs et le soja nécessaires à leur alimentation – et il n'est plus possible pour le bétail de vivre en harmonie naturelle avec les processus de photosynthèse de la planète.

C'est la raison pour laquelle, en marge de comptabiliser les gaz produits par les bovins, Goodland et Anhang avancent l'idée qu'il est également nécessaire d'intégrer aux calculs la disparition des capacités d'absorption de carbone causée par la déforestation exigée par l'élevage – une donnée particulièrement signifiante parce que l'industrie de l'élevage détruit les types de forêts qui ont la plus haute capacité de photosynthèse :

> L'augmentation du marché des produits d'élevage est la plus considérable dans les pays en voie de développement, là où la forêt tropicale emmagasine normalement au moins 200 tonnes de carbone par hectare. Dans les endroits où la forêt est remplacée par des pâturages modérément dégradés, le tonnage de carbone par hectare se réduit à 8. En moyenne, chaque hectare de pâturage n'alimente pas plus d'une tête de bétail, alors qu'il ne réussit à absorber qu'une fraction de tonne de carbone. En comparaison, plus de deux cents tonnes de carbone par hectare peuvent être libérées en un temps relativement bref après que la forêt et d'autres types de végétations ont été détruits, brûlés ou absorbés par le bétail.

Se fondant sur leurs nouveaux calculs, les auteurs du rapport Worldwatch affirment que l'élevage est en réalité responsable par an d'*au moins* 32,564 millions de tonnes de GES en équivalent CO_2, comparés aux 7,516 millions de tonnes estimés par la FAO.

Une critique cinglante du rapport Worldwatch parut en 2011 dans la revue *Animal Feed Science and Technology.* En réponse à cette étude, dans un article intitulé « Bétail et émissions de gaz à effet de serre : l'importance des chiffres exacts », les auteurs de cette riposte citent de façon récurrente *L'Ombre portée de l'élevage*, un ouvrage selon eux « à l'importance largement reconnue » et « sérieusement documenté », avant de miner la crédibilité du rapport Worldwatch, en prétendant qu'il n'avait pas fait l'objet d'une évaluation par un comité de lecture, et sous-entendant qu'il présente « des écarts majeurs avec les protocoles internationaux ». Cet article omet de préciser que deux de ses auteurs avaient aussi participé à la rédaction de *L'Ombre portée de l'élevage.*

Contacté par le *Philadelphia Inquirer* en 2000, le coauteur du rapport Worldwatch a répliqué que leur étude avait bel et bien fait l'objet d'une évaluation par un comité de lecture. « Employé par la Société financière internationale, appartenant au Groupe de la Banque mondiale, Jeff Anhang s'est soumis à l'obligation de cette évaluation comme pour tout rapport sur lequel son nom figurait », écrit le journaliste Vance Lehmkuhl, avant d'ajouter qu'il a lui-même « insisté sur cette question auprès de Goodland et Anhang, et reçu toutes les informations nécessaires sur les chercheurs et les institutions qui avaient évalué le rapport Worldwatch avant publication, ainsi que sur ceux qui l'avaient cité par la suite. Par ailleurs, rien n'indique si *L'Ombre portée de l'élevage* a ou non fait l'objet de pareille évaluation. La FAO, de même que l'article de Herrero et autres ne font mention d'aucun processus de ce genre, et je n'ai pas réussi à trouver la moindre référence à un comité de lecture dans les commentaires parus sur *L'Ombre portée de l'élevage.* J'ai adressé un e-mail à Mario Herrero pour clarifier ce point mais je n'ai reçu aucune réponse ».

Anhang m'a fait valoir par ailleurs que les travaux publiés par l'Institut Worldwatch avaient en réalité fait l'objet de deux évaluations – une première avant qu'il ne paraisse comme article dans *Animal Feed Science and Technology*, et à nouveau sous la forme d'une évaluation *a posteriori* dans un article de 2010 publié par l'Institut Worldwatch.

Un peu plus tard, en 2011, Goodland et Anhang rédigèrent *une réponse à la réponse à leur rapport* (qui lui-même constituait déjà une réponse à une autre étude) dans laquelle ils s'opposent aux contre-arguments opposés à leurs contre-arguments originaux.

Puis, en 2012, Goodland fit paraître un article dans le *New York Times*, intitulé « La FAO cède aux pressions de l'industrie de la viande au sujet du dérèglement climatique ». « Frank Mitloehner, écrit-il, connu pour avoir affirmé que 18 % est un chiffre beaucoup trop haut pour ce qui concerne les États-Unis, a été nommé la semaine dernière à la tête d'une nouvelle entreprise de collaboration entre l'industrie de la viande et la FAO. Les nouveaux partenaires de la FAO incluent l'IMS (International Meat Secretariat) et l'IDF (International Dairy Federation), dont l'objectif affiché est de "mesurer les résultats obtenus par le secteur de l'élevage en matière d'environnement" et "de les améliorer encore". Goodland affirme que ce nouveau partenariat n'a rien de surprenant car l'auteur principal de *L'Ombre portée de l'élevage* "devait écrire plus tard pour vanter les mérites de davantage et non pas moins d'élevage industriel, et refuser toute limitation imposée à l'industrie de la viande", alors même que la Banque mondiale recommande avec insistance que les établissements bancaires "s'abstiennent de financer des systèmes commerciaux à grande échelle utilisant des parcs d'engraissement du bétail à base de céréales ainsi que la production industrielle de lait, de viande de porc et de volaille". »

Sans grande surprise pour personne, la FAO publiait en 2013 un nouveau rapport, dans lequel on pouvait lire qu'« avec des émissions estimées à 7,2 gigatonnes d'équivalent CO_2 par an, ce qui représente 14,5 % des émissions de gaz à effet de serre d'origine humaine, le secteur de l'élevage joue un rôle non négligeable dans le dérèglement climatique ».

*

Alors, 14,5 ou 51 % ? Je ne crois pas qu'aucun de ces deux chiffres soit exact, mais je trouve plus convaincante l'estimation la plus haute. Et je ne suis pas le seul. En 2014, un rapport de l'Assemblée générale de l'ONU jugeait plus crédible l'estimation de 51 % que dans celle de la FAO : « Les chiffres exacts continuent d'être débattus mais personne ne doute dans la communauté scientifique du fait que l'impact de la production du bétail est massif. » L'Unesco, autre agence de l'ONU, a aussi publié un rapport qui dit sa préférence pour l'estimation des 51 % plutôt que pour celle de la FAO. Les auteurs du rapport de l'Unesco notent que les calculs de l'Institut Worldwatch « représentent un bouleversement total de perspective, et confirment l'évidence des relations qui unissent la production de viande et les effets sur le dérèglement climatique ».

J'ai eu un long échange d'e-mails avec Jeff Anhang, pour l'inviter à répondre aux différentes critiques adressées à ses calculs. Finalement, je lui ai demandé ce qu'à son avis il allait falloir faire pour atteindre les objectifs de l'Accord de Paris.

« Il semble impossible de renverser le dérèglement climatique en limitant seulement les énergies fossiles, m'a-t-il répondu. Cela est dû au fait que la somme des infrastructures nécessaires aux énergies renouvelables indispensables pour mettre un terme au dérèglement climatique a été estimée par l'Agence internationale pour l'Énergie à au moins 53 milliards de dollars et leur mise en place devrait durer au moins vingt ans – donc, trop tard pour renverser le dérèglement climatique d'après toutes les projections dont nous disposons. En revanche, remplacer les produits d'origine animale par des aliments alternatifs offre une chance unique et double de réduire les effets des émissions de gaz à effet de serre rapidement, tout en libérant assez de terres pour planter davantage d'arbres et piéger les excès de carbone dans l'atmosphère à court terme. Donc, remplacer les produits d'origine animale par des aliments alternatifs semble être le seul moyen pragmatique pour renverser le dérèglement climatique avant qu'il ne soit trop tard. »

Notes

I. Incroyable

11. « La plus ancienne des lettres de suicide a été écrite dans l'Égypte ancienne… » : Erman, *Ancient Egyptians*.
11. « La première ligne en était… » : « Discussion avec son âme d'un homme las de la vie ».
12. « Je n'ai pas le moins du monde peur de mourir » : Kearl, *Les Fins qui tuent*, 49.
13. « Armstrong allait abandonner sa botte sur la Lune… » : Bethge, « Urine Containers, "Space Boots" and Artifacts Aren't Just Junk ».
13. « Lorsque Alex, un perroquet gris africain… » : Carey, « Alex, a Parrot Who Had a Way with Words ».
13. « L'Empire romain… » : Taagepera, « Size and Duration of Empires ».
15. « Aucun danger imminent… » : Gannon, *Operation Drumbeat.*
16. « Le *Robert E. Peary*… » : American Merchant Marine at War, « Liberty Ship *SS Robert E. Peary* »
16. « Les usines de lingerie ont entrepris… » : Rosener, *Women in Industry*.
16. « Des retraités, des femmes et des étudiants… » : Ossian, *The Forgotten Generation*, 73.
16. « Des célébrités ont encouragé l'achat… » : Fitch, « Julia Child ».
17. « Le taux d'imposition pour la tranche la plus haute… » : Roosevelt, « Executive Order 9250 ».

17. « L'essence fut strictement régulée… » : Perrone et Handley, « Home Front Friday ».
17. « Des affiches commanditées par l'État… » : Pursell, « When You Ride ALONE ».
17. « La nourriture fut rationnée… » : George C. Marshall Foundation, « National Nutrition Month ».
17. « Au Royaume-Uni, il s'en consommait… » : Collingham, *The Taste of War*.
17. « Cette décision collective de se serrer la ceinture… » : British Nutrition Foundation, « How the War Changed Nutrition ».
17. « Leurs armes […] sont les divisions blindées… » : Walt Disney Productions, *Food Will Win the War*.
18. « Nous n'avons pas tous le privilège… » : Roosevelt, « Fireside Chat 21 ».
19. « Plus de quatre mille milliards de dollars… » : Daggett, *Cost of Major US Wars*.
19. « Imaginons que les quelque dix millions et demi… » : Sifferlin, « Global Jewish Population ».
21. « La menace principale qui pèse sur la vie humaine… » : Vidal, « Protect Nature ».
22. « Nous savons que le dérèglement climatique… » : Milman, « Climate Change ».
23. « … ou contribue à créer un vortex polaire… » : Rice, « Yes, Chicago Will Be Colder Than Antarctica ».
23. « Et nous trouvons aussi difficile… » : Rebuild by Design, « The Big U ».
24. « Claudette Colvin… » : Rumble, « Claudette Colvin ».
25. « Comme ces photographies iconiques… » : Poirier, « One of History's Most Romantic Photographs ».
25. « … la photographie de Rosa Parks dans son bus… » : Rothman et Aneja, « You Still Don't Know ».
26. « Et comme elle devait le reconnaître elle-même… » : Sullivan, « Bus Ride ».
26. « Comme l'a exprimé le spécialiste de biologie… » : Revkin, « Global Warming ».
26. « La crise du climat est aussi une crise culturelle… » : Ghosh, *The Great Derangement*, 9.

27. « Le chef du Bund s'approcha de moi… » : Lewin et Bartoszewski, *Righteous Among Nations.*

29. « Dans une étude récente, Hal Hershfield… » : Hershfield, « You Make Better Decisions ».

30. « Il a été largement démontré que… » : *ibid.*

30. « Les chercheurs ont décrit un certain nombre… » : Sudhir *et al.*, « Do Sympathy Biases ».

31. « La combinaison de ces différentes tactiques… » : Institute for Operations Research and the Management Sciences, « Carefully Chosen Wording ».

31. « Ces catastrophes sont perçues comme abstraites… » : Ballew *et al.*, « Importance of Global Warming as a Voting Issue ».

31. « Comme l'a écrit Oliver Burkeman… » : Burkeman, « We're All Climate Change Deniers ».

31. « Ceux qu'on appelle les adversaires… » : Nuccitelli, « Is the Climate Consensus » ; NASA, « Scientific Consensus ».

34. « Qu'est-ce que savoir ? » : Brody, « The Unicorn and "The Karski Report" ».

36. « Il a expliqué son geste en disant… » : Huicochea, « Man Lifts Car ».

36. « Boyle, qui n'était pas haltérophile… » : Wise, *Extreme Fear*, 25-27.

37. « À Moscou, au début des années 2010… » : *National Post*, « Russia's Rich ».

38. « À Londres, quand une boîte de nuit… » : Rennell, « Blitz 70 Years On ».

41. « Une étude de la ligue de football allemande… » : Dohmen, « In Support of the Supporters ? »

41. « Pour sensibiliser l'opinion… » : Marshall, *Don't Even Think About It*, 57.

47. « En 2018, tout en en sachant plus que jamais… » : « Global Carbon Dioxide Emissions Rose ».

48. « Un peu moins de deux siècles plus tard… » : Brandt, « Google Divulges Numbers ».

48. « Les chercheurs ont récemment identifié… » : Shah, « Addicted to Selfies ».

49. « Ils l'ont appelé : "selfite chronique" » : Lee, « What Is "Selfitis" ? »
49. « Tentant d'expliquer le développement de MSNBC… » : Schwartz, « MSNBC's Surging Ratings ».
50. « Une étude récente publiée dans *Environmental Science and Technology...* » : Babaee *et al.*, « How Much Do Electric Drive Vehicles ».
50. « … les émissions polluantes moyennes d'un véhicule personnel… » : Schiller, « sorry, Buying a Prius ».
50. « Est-ce que les enfants à qui l'on administre des vaccins… » : Leskin, « The 13 Tech Billionaires ».
50. « Est-ce que les enfants qui meurent de maladies… » : Kotecki, « Jeff Bezos ».
52. « L'une après l'autre, elles soulèvent… » : Kastberger *et al.*, « Social Waves in Giant Honeybees ».
53. « Néanmoins, il est absolument certain que la population d'abeilles… » : Xerces Society for Invertebrate Conservation, « Bumblebee Conservation ».
53. « De la Chine à la Californie en passant par l'Australie… » : Wilder, « Bees for Hire » ; Pensoft Publishers, « Bees, Fruits and Money ».
53. « Un photographe qui a fait un reportage sur ce procédé… » : Williams, « These Photos Capture the Startling Effect Of Shrinking Bee Populations ».
55. « 96 % des familles américaines… » : Harris Poll, « Carrying on Tradition ».
55. « C'est plus que le pourcentage d'Américains… » : Delta Dental, « 2014 Oral Health and Well-Being Survey », 8.
55. « … qui ont lu un livre au cours… » : Perrin, « Who Doesn't Read Books in America ? ».
55. « … jamais quitté l'État… » : Nicholas, « Home State ».
55. « Si les Américains se fixaient pour but… » : University of Illinois Extension, « Turkey Facts ».
56. « Une étude récente publiée par la Stockholm School of Economics… » : Mellström et Johannesson, « Crowding out in Blood Donation ».

57. « En revanche, les pèlerins… » : Khan *et al.*, « How Collective Participation ».
57. « Se livrer plus longtemps à des gestes de tendresse… » : Muise *et al.*, « Post Sex Affectionate Exchanges ».
58. « Après que les magasins d'alimentation discount… » : Moss, « Nudged to the Produce Aisle ».
58. « Dans les pays où les citoyens doivent choisir… » : Davidai *et al.*, « The Meaning of Default Options for Potential Organ Donors ».
58. « … des autocollants humoristiques […] posés près de la bonde… » : Thaler et Sunstein, « Easy Does It ».
59. « Environ 37 % des électeurs inscrits… » : United States Elections Project, « 2014 November General Election Turnout Rates ».
59. « À l'élection présidentielle de 2016… » : United States Elections Project, « 2016 November General Election Turnout Rates ».
61. « Il n'a jamais nié avoir perdu… » : Gallagher, *FDR's Splendid Deception*.
62. « En 1952, après avoir réussi à inoculer… » : Shampo et Kyle, « Jonas E. Salk ».
62. « Salk entreprit des tests sur les humains… » : Salk Institute for Biological Studies, « About Jonas Salk ».
63. « La fête que nous célébrons aujourd'hui… » : Lincoln, « Proclamation of Thanksgiving ».
64. « Pourtant, au cours de ma vie, le nombre de fumeurs… » : Dennis, « Who Still Smokes in the United States ».
65. « Dès 1949, 60 % des Américains… » : Moore, « Nine of Ten Americans View Smoking as Harmful ».
65. « … encore plus de fumeurs […] que d'habitants au Canada ? […] » : Worldometers, « Canada Population (Live) », 37.16 million, consulté le 18 février 2019, http://www.worldometers.info/world-population/canada-population.
65. « Pourquoi est-ce que quelqu'un d'aussi conscient… » : Holford *et al.*, « Tobacco Control ».
65. « Malgré le coût sans cesse plus élevé… » : Truth Initiative, « Why Are 72 % of Smokers from Lower-Income Communities ».

66. « Cela a manifestement aidé à ce que les adolescents… » : McKie, « A Jab for Elvis Help Beat Polio ».
67. « Dans un communiqué de presse… » : Scheiber, « Google Workers » ; Wakabayashi *et al.*, « Google Walkout ».
70. « Dites à vos parents de ne pas détruire le monde… » : Guggenheim, *An Unconvenient Truth.*
71. « D'après une analyse de 2017… » : Wynes et Nicholas, « The Climate Mitigation Gap ».
73. « … la plus importante contribution que peut faire… » : Frischmann, « 100 Solutions to Reverse Global Warming ».
75. « Toutes ces émissions doivent retomber à zéro… » : Gates, « Climate Change ».
75. « Même si nous sommes par miracle capables… » : Raftery *et al.*, « Less Than 2 °C Warming by 2100 Unlikely ».
75. « Le niveau de la mer s'élèvera… » : Worland, « These Cities May Soon Be Uninhabitable ».
75. « … inondant les côtes du monde entier… » : Schleussner *et al.*, « Differential Climate Impacts ».
75. « Cent quarante-trois millions de migrants climatiques… » : Parker, « Climate Migrants ».
75. « Les conflits armés augmenteront… » : Burke *et al.*, « Climate and Conflict ».
75. « Le Groenland fondra de manière irréversible. » : Robinson *et al.*, « Greenland Ice Sheet ».
75. « 20 à 40 % de la forêt amazonienne sera détruite. » : Intergovernmental Panel on Climate Change, *Global Warming of 1.5 °C.*
75. « La vague de chaleur de 2003 en Europe… » : Di Leberto, « Summer Heat Wave ».
76. « La mortalité humaine augmentera… » : Mann et Kump, *Dire Predictions*, 50-162.
76. « Le nombre de personnes risquant d'être atteintes… » : World Health Organization, « Climate Change and Human Health » ; World Bank, *Turn Down the Heat.*
76. « Quatre cents millions d'individus… » : Wallace-Wells, *The Unhabitable Earth*, 12.

76. « La chaleur accrue des océans… » : Schleussner *et al.*, « Differential Climate Impacts ».
76. « La moitié de toutes les espèces animales… » : Meixler, « Half of All Wildlife ».
76. « 60 % de toutes les espèces botaniques… » : World Wildlife Fund, « Wildlife in a Warming World ».
76. « Les récoltes de blé seront réduites de 12 %… » : Zhao *et al.*, « Temperature Increase Reduces Global Yields ».
76. « Le revenu général par habitant… » : Wallace-Wells, *The Unhabitable Earth*, 12.
76. « Les rares experts qui pensent que nous avons une chance… » : Raftery *et al.*, « Less Than 2 °C Warming by 2100 Unlikely ».
78. « L'opération a lieu le 6 juin 1944… » : Tillman, *D-Day Encyclopedia.*
78. « … la fabrication de centaines de mannequins… » : Morton, « Object of Intrigue ».
88. « Nous pourrions peut-être plaider notre cause… » : Scranton, « Raising My Child ».

II. Comment prévenir l'extinction

95. « La température moyenne était… » : Jouzel *et al.*, « Orbital and Millenial Antarctic Climate Variability Over the Past 800,000 years » ; Prairie Climate Center, « Four Degrees of Separation » ; NASA Earth Observatory, « How is Today's Warming ».
95. « Il y a cinquante millions d'années… » : Eberle *et al.*, « Seasonal Variability in Arctic Temperatures » ; Scott et Lindsey, « What's the Hottest Earth's Ever Been ? » ; Jardine, « Patterns in Paleontology ».
96. « L'extinction de masse la plus mortelle… » : Penn *et al.*, « Temperature-Dependent Hypoxia » ; New York University, « Siberian Volcanic Eruptions » ; Zimmer, « Sudden Warming ».

96. « De nombreux scientifiques appellent l'ère géologique… » : Welcome to the Anthropocene, www. anthropocene.info.

96. « Si l'on prend en compte les mécanismes naturels… » : Ritchie, « Exactly How Much Has the Earth Warmed ? » ; NASA Earth Observatory, « Is Current Warming Natural ? » ; Union of Concerned Scientists, « How Do We Know That Humans Are the Major Cause of Global War ming ? »

98. « Les humains représentent 0,01 %… » : Carrington ; « Humans Just 0.01 % of All Life » ; Bar-On *et al.*, « The Biomass Distribution on Earth ».

99. « À l'échelle de la planète… » : Steinfeld *et al.*, *Livestock's Long Shadow*, XXI.

99. « Un tiers de toute l'eau douce… » : Gerbens-Leenes *et al.*, « The Water Footprint of Poultry, Pork and Beef ».

99. « … alors qu'un trentième environ seulement… » : Hoekstra *et al.*, « The Water Footprint of Humanity ».

99. « 70 % des antiobiotiques… » : Ritchie, « How Do We Reduce Antibiotic Resistance from Livestock ? »

99. « On compte approximativement trente animaux… » : Compassion in World Farming, *Strategic Plan 2013-2017* ; Fishcount, « Number of Farmed Fish ».

100. « Avant la révolution industrielle… » : Zijdeman et Ribeira da Silva, « Life Expectancy at Birth ».

100. « Il a fallu deux cent mille ans… » : United Nations Department of Economic and Social Affairs, Population Division, « World Population Prospects ».

100. « Chaque jour, naissent trois cent soixante mille bébés… » : Lamble, « How Many People Can the Earth Sustain ? »

101. « En 1820 aux États-Unis, 72 % de la main-d'œuvre… » : American Farm Bureau Federation, « Fast Facts About Agriculture », « Farm Population Lowest since 1850's » ; United States Bureau of Labour Statistics, « Employment Projections Program ».

101. « Tout comme la console de jeux vidéo… » : Brookhaven National Laboratory, « The First Video Game ? »

101. « Entre 1950 et 1970, le nombre de fermes… » : Ganzel, « Shrinking Farm Numbers » ; United States Bureau of The Census, « Census of Agriculture, 1969, volume II ».
101. « Durant cette période, la taille… » : Zuidhof *et al.*, « Commercial Broilers from 1957, 1978 and 2005 ».
101. « En 1966, des lentilles de contact déformantes… » : Wise et Hall, « Distorting contact lenses for animals », US Patent 3,418,978.
101. « Ces lentilles ont été jugées difficiles d'emploi… » : « Super-Sizing The Chicken ».
102. « En 2018, plus de 99 % des animaux… » : Sentience Institute, « US Factory Farming Estimates ».
103. « La consommation de viande et de produis laitiers… » : Steinfeld *et al.*, *Livestock's Long Shadow* ; Durisin et Singh, « Americans' Meat Consumption ».
103. « Les humains consomment soixante-cinq milliards… » : Gorman, « It Could Be the Age of the Chicken Geologically ».
103. « En moyenne, les Américains consomment… » : Pasiakos *et al.,* « Animal, Dairy, and Plant Protein Intake ».
103. « Les gens qui suivent des régimes alimentaires… » : Levine *et al.*, « Low Protein Intake ».
103. « Les fumeurs sont trois fois plus susceptibles… » : Centers for Disease Control and Prevention, « Tobacco-Related Mortality ».
103. « … un repas sur cinq est pris dans une voiture. » : Mooallem, « The Last Supper ».
104. « Nous vivons actuellement dans la glaciation… » : National Centers for Environmental Information, « Glacial-Interglacial Cycles ».
104. « Selon les cycles de dérèglement climatique… » : Joint Study for the Atmosphere and the Ocean, « PDO Index » ; Physikalisch-Meteorologische Observatorium Davos / World Radiation Center (PMOD/WRC), « Solar Constant » ; National Weather Service Climate Prediction Center, « Cold and Warm Episodes by Season. »
104. « Neuf des dix records de chaleur… » : National Centers for Environmental Information, « Global Climate Report ».

104. « Durant l'extinction du Permien… » : Solly, « The Great Dying ».
104. « Les humains relâchent aujourd'hui dans l'atmosphère… » : Wallace-Wells, « The Unhabitable Earth ».
105. « La vie sur Terre dépend de l'effet de serre… » : Ma, « Greenhouse Gases ».
105. « Le CO_2 est responsable de… » : United States Environmental Protection Agency, *US Greenhouse Gases Emissions and Sinks, 1990-2016.*
105. « Durant les huit cent mille ans… » : United States Environmental Protection Agency, « Climate Change Indicators ».
105. « Depuis 1850, la concentration en CO_2… » : American Chemical Society, « What Are The Greenhouse Gas Changes ».
105. « L'élevage est responsable de 37 %… » : Steinfeld *et al.*, *Livestock's Long Shadow.*
107. « Une des plus puissantes rétroactions positives… » : National Snow and Ice Data Center, « All About Sea Ice : Albedo ».
108. « L'ancienne secrétaire exécutive… » : Harvey, « World Has Three Years Left ».
109. « Le méthane a 34 fois le potentiel… » : Intergovernmental Panel on Climate Change, *Climate Change 2013*, chap. 8, 711-714, table 8.7.
110. « Parce qu'elles sont principalement créées… » : Clark, « How Long Do Greenhouse Gases ».
111. « Il en va de même pour la capacité de photosynthèse… » : Strain, « How Much Carbon Does the Planet's Vegetation ».
111. « Plus nous détruisons de forêts… » : Erb *et al.*, « Unexpectedly Large Impact ».
111. « Permettre à une surface significative… » : Goodland et Anhang, « "Livestock and Climate Change" : Critical Comments and Responses », 13.
111. « Les arbres sont composés de 50 % de carbone… » : Food and Agriculture Organization of the United Nations, « Deforestation Causes Global Warming ».
112. « Brûler et abattre les forêts produit… » : « Deforestation and Its Extreme Effect on Global Warming ».
112. « Selon le *Scientific American*… » : *ibid.*

112. « Environ 80 % de la déforestation… » : Food and Agriculture Organization of the United Nations, « Deforestation Causes Global Warming ».

112. « Chaque année, les incendies de forêt… » : United States Department of the Interior, « New Analysis Shows 2018 California Wildfires ».

113. « Il a été estimé que la politique de Bolsonaro… » : Wallace-Wells, « Could One Man ».

113. « L'élevage est responsable de 91 %… » : Margulis, « Causes of Deforestation ».

114. « Alors qu'ils digèrent leur nourriture… » : United States Environmental Protection Agency, « Enteric Fermentation ».

114. « Le bétail est la principale source… » : United States Environmental Protection Agency, *Inventory of US Greenhouse Gases Emissions and Sinks*, 5-1.

114. « Le protoxyde d'azote est produit par l'urine… » : Steinfeld *et al.*, *Livestock's Long Shadow*.

114. « Le bétail contribue aux deux tiers… » : *ibid.*

114. « L'élevage est la cause principale… » : World Wildlife Fund, « Forest Conversion ».

114. « Selon la Convention-cadre des Nations unies… » : Gates, « Climate Change ».

115. « La FAO […] certifie que… » : Steinfeld *et al.*, *Livestock's Long Shadow*.

115. « …"le bétail (comme les automobiles) est une invention…" » : Goodland et Anhang, « Livestock and Climate Change », 12.

117. « Les scientifiques estiment que pour maintenir… » : McKibben, « Global Warming's Terrifying New Math ».

117. « Un rapport récent de l'Université Johns Hopkins… » : Kim *et al.*, « Mitigating Catastrophic Climate Change ».

118. « Les estimations les plus optimistes suggèrent… » : Jacobson et Delucchi, « A Path to Sustainable Energy », 64.

118. « "Le calcul mathématique est d'une clarté brutale…" » : Harvey, « Dangerous Climate Change ».

118. « Les quatre choses ayant le plus grand impact… » : Wynes et Nicholas, « The Climate Mitigation Gap ».

119. « 85 % des Américains… » : Chase, « Car-Sharing ».
119. « Le monde de l'entreprise doit apprendre… » : « US Air Passengers' Main Trip Purposes ».
120. « Kilos de CO_2 associés à une ration… » : Center for Sustainable Systems, « Carbon Footprint Factsheet ».
120. « En moyenne, un régime aux deux tiers végan… » : Kim *et al.*, « Country-Specific Dietary Shifts ».
121. « Pour atteindre l'objectif de 2 °C… » : Girod *et al.*, « Climate Policy ».
121. « Alors que les habitants de différents pays… » : « Carbon Emissions per Person, by Country ».
121. « … celle du Français… » : *ibid.*
121. « … celle du Bangladais… » : *ibid.*
121. « … à l'échelle mondiale… » : *ibid.*
121. « Adopter un régime aux deux tiers végan… » : ce chiffre rend compte des pratiques alimentaires spécifiques à deux cent trente-cinq pays, et inclut des éléments comme la composition de la nourriture destinée aux animaux, les taux de conversion des terres consacrées au fourrage, et les techniques de réutilisation des déjections. Il inclut la reconversion des pâturages en forêts, mais ne tient pas compte des pertes en carbone organique du sol dues à l'introduction massive du bétail (désertification). Il est confirmé par une étude à paraître réalisée par Raychel Santo et Brent Kim de l'Université Johns Hopkins.

III. Rien qu'une maison

126. « S'il y avait eu un jour une vie intelligente sur Mars… » : Weisman, « Earth Without People ».
132. « Selon la psychologue cognitiviste… » : Dahl, « Why Can't You Smell Your Own Home ? ».
134. « Il faut parcourir au moins… : Reinert, « The Blue Marble Shot ».
134. « Les séances de photos… » : *ibid*

134. « Apollo 17 a été la dernière mission… » : Smithonian National Air and Space Museum, « Appolo to the Moon ».
134. « Comme l'a exprimé William Anders… » : New Mexico Museum of Space History, « International Space Hall of Fame ».
135. « L'émergence des mouvements écologistes… » : Kluger, « Earth from above » ; United States Environmental Protection Agency, « Earthrise ».
135. « Ce n'est pas quand il s'est posé sur la Lune… » : Nardo, *The Blue Marble*, 46.
135. « Ce sentiment du sublime provient… » : Shaw, « The Overview Effect ».
135. « … l'immensité » : Yaden *et al.*, « The Overview Effect ».
135. « L'effet de surplomb transforme… » : Goldhill, « Astronauts Reports an "Overview Effect" ».
136. « Un autre encore, Edgar Mitchell… » : Institute of Noetic Sciences, « Our Story ».
136. « Depuis qu'en 1961, Youri Gagarine… » : WorldSpaceFlight, « Astronaut/Cosmonaut Statiscics ».
136. « Selon l'ingénieur en aérospatiale, Isaac de Souza… » : Ferreira, « Seing Earth from Space ».
136. « Son objectif est… » : www. SpaceVR.co
136. « Étudiant cette possibilité… » : Berger, « Penn Psychologists Study ».
137. « Décrivant son expérience bien réelle… » Garan, *The Orbital Perspective.*
138. « L'apparition des lunettes… » : Mortimer, « The Mirror Effect ».
139. « La propagation du miroir précipita… » : *ibid.*
139. « Quand les bébés commencent… » : Rochat, « Five Level of Self-Awareness ».
139. « On a récemment ajouté à cette liste… » : Buehler, « This Tiny Fish ».
139. « … les labres nettoyeurs… » : Aton, « Earth Almost Certain to Warm ».
141. « […] le candidat à la présidence George W. Bush (père)… » : Worland, « These Cities May Soon Be ».

141. « Il s'engagea à… » : Thompson, « Timeline ».

141. « Cette année-là, quarante-deux sénateurs… » : Rich, « Losing Earth ».

142. « Selon l'EPA… » : United States Environmental Protection Agency, « International Treaties and Cooperation ».

142. « Environ six ans avant… » : Cushman, « Exxon Made Deep Cuts ».

142. « Dans un article de fond intitulé… » : Rich, « Losing Earth ».

143. « Bush jura que "la politique […] scientifiquement fondée" : Office of the Press Secretary, "President Bush Discusses Global Climate Change".

143. « Cette même année, il lança… » : United States Climate Change Science Program, « The Climate Change Research Initiative ».

143. « Dans le discours durant lequel… » : Office of the Press Secretary, « President Bush Discusses Global Climate Change ».

143. « En Amérique, il est plus facile… » : Greshko *et al.*, « How Trump Is Changing the Environment ».

144. « Même si son gouvernement a réalisé… » : Lavelle, « 2016: Obama's Climate Legacy ».

144. « Récemment, des États considérés… » : McKibben, « Up Against Big Oil ».

144. « À l'étranger, les Français ont défilé… » : Nossiter, « France Suspends Fuel Tax Increase ».

145. « Cinquante ans environ après que les astronautes d'Apollo 17… » : Matthews, « Donald Trump Has Tweeted Climate Change Skepticism ».

147. « "Je suis convaincu que les humains doivent quitter la planète…" » : Knapton, « Human Race Is Doomed ».

147. « Si les sept milliards et demi d'habitants de la planète… » : McDonald, « How Many Earths Do We Need ? ».

148. « Le GFN estime… » : Coren, « Humans Have Depleted Earth's Natural Resources ».

148. « … 73 % des consommateurs américains… » : Calfas, « Americans Have So Much Debt ».

148. « L'humanité, elle, a un taux d'endettement… » : McDonald, « How Many Earths Do We Need ? ».
149. « De fait, vingt et un jeunes plaignants… » : Our Children's Trust, « Juliana v. US-Climate Lawsuit » ; Conca, « Children Change the Climate ».
149. « De nombreux économistes affirment que… » : Allison, « Financial Health of Young America ».
152. « Il nous est possible de calculer comment expédier… » : Dunn, « SpaceX Chief ».
152. « …−60 °C… » : NASA, « Mars Facts ».
153. « Réagissant aux interventions technologiques… » : National Research Council, *Climate Intervention*, 9.
155. « D'après le projet Drawdown… » : Project Drawdown, « Solutions ».
155. « La NAACP… » : Virginia Museum of History and Culture, « Turning Point ».
155. « Dix-sept Liberty Ships… » : Rasmussen, « Liberty Ships ».
155. « Beaucoup des membres de la communauté noire virent la guerre… » : Delmont, « African-Americans Fighting Facism and Racism ».
156. « Le départ des hommes pour le front… » : PBS, « Civil Rights » ; Hartmann, *The Home Front and Beyond.*
156. « Des emplois s'ouvrirent aussi pour les Mexicano-Américains… » : Norton *et al.*, *A People and a Nation*, 746.
156. « Quand un couple souffre d'infidélité… » : Schwartz, « Esther Perel ».
159. « Il manquait au miroir… » : NASA, « The Hubble Space Telescope ».
160. « Quand ils en sortirent le lendemain matin… » : « The Theft That Made "The Mona Lisa" a Masterpiece ».
160. « À cette époque, *La Joconde*… » : Zug, « Stolen ».
160. « … mais quand il eut attiré l'attention de la presse écrite naissante… » : « "LA GIOCONDA" IS STOLEN IN PARIS […] ».
160. « Quand le Louvre rouvrit… » : Kuper, « Who Stole the Mona Lisa ? ».

160. « Franz Kafka vint voir le mur nu… » : Gekoski, « Fact-Check Fears ».
160. « L'année suivante, peut-être inspiré… » : Bernofsky, « On Translating Kafka's "The Metamophosis" ».
161. « Le Louvre estime qu'environ 80 % de ceux… » : Riding, « New Room with View of "Mona Lisa" ».
161. « Elle est désormais à l'abri… » : McKinney, « Mona Lisa Is Protected by a Fence ».
163. « Parmi les rares survivants… » : Firestone, « Busting the Myths about Suicide ».
163. « Si nous devions perdre notre planète… » : Herbst, « Kevin Hines ».
168. « "Le plus gros problème que pose le dérèglement climatique…" » : Scranton, « Learning How to Die ».
171. « Et je suis tout à fait convaincu qu'un habitant de l'Afrique sub-saharienne… » : Parker, « 143 Million People ».
171. « "Écoute-moi", implore l'âme… » : « Discussion avec son âme d'un homme las de la vie ».

IV. Discussion avec l'âme

177. « Le dérèglement climatique est un problème à l'échelle de la Chine… » : Griffin, « The Carbon Majors Database ».
177. « À elles seules, cent entreprises… » : CDP, « New Report Shows ».
184. « Il s'est infiltré dans un camp de la mort nazi… » : Power, *A Problem from Hell*.
191. « Seuls 14 % des Américains nient… » : Leiserowitz *et al.*, « Climate Change in the American Mind ».
191. « … un pourcentage significativement plus bas que ceux… » : Masci, « 6 Facts about the Evolution Debate ».
191. « … qui nient le fait que la Terre tourne autour du Soleil » : Neuman, « 1 in 4 Americans ».
191. « 69 % des électeurs américains… » : Marlon *et al.*, « Majorities of Americans ».

193. « Les 10 % les plus riches de la population du monde… » : Oxfam, « Extreme Carbon Inequality ».

193. « On a estimé que six millions de Bangladais… » : Displacement Solutions, *Climate Displacement in Bangladesh.*

193. « L'élévation du niveau des mers escomptée… » : United Nations, « Statement by His Excellency Dr. Fakhruddin Ahmed ».

194. « En 2018, l'enquête a placé la Finlande… » : Helliwell *et al. World Hapiness Report 2018.*

194. « La population totale de la Scandinavie… » : Mapes, « The Population of Nordic Countries ».

194. « Le Bangladais est en moyenne responsable… » : « Carbon Emissions per Person, by Country ».

194. « Il se trouve que le Bangladesh est aussi… » : Food and Agriculture Organization of the United Nations, « Current Worldwide Annual Meat Consumption ».

194. « En 2018, le Finlandais moyen… » : Natural Resources Institute, Finland, « What Was Eaten in Finland in 2016 ».

195. « À l'échelle du monde, plus de huit cents millions d'individus… » : World Food Program, « World Hunger again on the Rise ».

195. « Plus de cent cinquante millions d'enfants de moins de cinq ans… » : Hunger Project, « Know Your World ».

195. « Un million et demi d'enfants sont morts durant la Shoah. » : United States Holocaust Memorial Museum, « Children During the Holocaust ».

195. « Les terres qui pourraient alimenter… » : Koneswaran et Nierenberg, « Global Farm Animal Production and Global Warming ».

195. « Jean Ziegler, ex-rapporteur spécial… » : Ziegler, « Burning Food Crops ».

196. « Vingt-trois millions et demi d'Américains… » : United States Department of Agriculture. Economic Research Service.

196. « Il est vrai qu'un régime sain est plus cher… » : Caba, « Eating Healthy ».

196. « Mais un régime végétarien… » : Flynn et Schiff, « Economical Healthy Diets ».

196. « … pour remettre les choses en perspective, le revenu annuel moyen… » : FRED Economic Data, « Real Median Personal Income ».

197. « Il y a moins d'agriculteurs américains aujourd'hui… » : American Farm Bureau Federation, « Fast Facts about Agriculture » ; « Farm Population Lowest since 1850's » ; United States Bureau of Labor Statistics, « Employment Projections Program ».

199. « […] La contribution du bétail… » : Steinfleld *et al.*, *Livetsock's Long Shadow*.

200. « En Chine, le charbon génère… » : United States Energy Information Administration, « Chinese Coal-Fired Electricity Generation ».

200. « Comment prenons-nous en compte le fait… » : Fischer et Keating, « How Eco-friendly Are Electric Cars ? »

200. « Et qu'en est-il des autres formes de dommages… » : Wade, « Tesla's Electric Cars ».

201. « En moyenne, les habitants des États-Unis… » : Springmann *et al.*, « Food System » ; Carrington, « Huge Reduction in Meat-Eating.

203. « Parce que, en un an seulement… » : « Amazon Rainforest Deforestation "Worst in 10 Years". »

204. « Parce que les émissions de CO_2… » : Plumer, « US Carbon Emissions ».

204. « À cause de la découverte en 2017… » : Wolf *et al.*, « Revised Methane Emissions ».

204. « … et de la découverte, en 2018,… » : Pierre-Louis, « Ocean Warning ».

204. « Parce que, au cours de trente prochaines années… » : Carrington, « Huge Reduction in Meat-Eating ».

V. Vivre encore

217. « Quand Kevin Hines a sauté du Golden Gate… » : Glionna, « Survivor Battles Golden Gate's Suicide Lure ».
217. « Des conflits armés éclateront… » : Eckstein *et al.*, « Global Cimalte Risk Index 2019 ».
220. « Comme l'atteste l'un des documents… » : Shapiro et Epsztein, « The Warsaw Ghetto Oyneg Shabes ».
221. « Creusée dans le roc d'une montagne… » : Croptrust, « Svalbard Global Seed Vault ».
221. « Parce que la température y est maintenue… » : Carrington, « Arctic Stronghold of World's Seeds ».
221. « Une autre réalisation… » : Frozen Ark Project, https://www.frozenark.org
223. « Il est écrit dans la Genèse… » : Genèse, 9:13.
225. « Globalement, il y a plus de morts par suicide… » : Dokoupil, « Why Suicide Has Become an Epidemic » ; Lisa Schein, « More People Die from Suicide ».
227. « On découvrit un deuxième mot. » : Parisienne *et al.*, « Famed Gay Rights Lawyer ».
228. « Trois mois plus tard, le *New York Times*… » : Scranton, « Raising My Child ».
229. « Comme David Wallace-Wells… » : Wallace-Wells, « The Uninhabitable Earth ».
229. « Scranton fait référence à l'article… » : Wynes et Nicholas, « Climate Mitigation Gap ».
230. « Dans leur essai intitulé… » : Christakis et Fowler, *Connected*.
232. « … la "Marche sur Washington pour l'emploi et la liberté"… » : Martin Luther King Jr, Research and Education Institute, « March on Washington ».
237. « Je dois lui apprendre que toutes les choses… » : Scranton, « Raising My Child ».
239. « Il y a quelques mois, un homme s'est suicidé… » : Wilson, « His Body Was Behind the Wheel ».

240. « “Les oiseaux gazouillaient…” » : Pilon, « I Found a Dead Body ».
243. « Quand Stephen Hawking a présidé… » : Low, « The Cambridge Declaration on Consciousness ».
246. « Plus de cent milliards d’individus… », Kaneda et Haub, « How Many People Have Ever Lived on Earth ? »
252. « Tandis qu’Armstrong se préparait à sa mission… » : Safire, *Before the Fall*, 146.
252. « “En cas de désastre sur la Lune” » : Un fac-similé de ce texte peut être consulté à cette adresse : https://www.archives.gov/files/presidential-libraries/events/centennials/nixon/images/exhibit/rn100-6-1-2.pdf.
258. « Le conservateur de musée João Ribas… » : Paglen, *The Last Pictures Project.*
260. « Dans la nouvelle de Flannery O’Connor… » : O’Connor, *Les braves gens ne courent pas les rues*, Gallimard, 1983.

Appendice : 14,5 % / 51 %

266. « Si ce calcul est exact… » : Goodland et Anhang, « Livestock and Climate Change », 11.
266. « Ils recommandaient une réduction… » : Goodland et Anhang, « Response to “Livestock and Greenhouse Gas Emissions” », 2.
266. « Ceux qui s’empressèrent de remettre en question… » : Lehmkuhl, « Livestock and Climate ».
267. « En retraite de l’Institut… » : site personnel du Dr Robert Goodland, consulté le 1er février 2019, https://goodlandrobert.com ; Goodland, « Robert Goodland Obituary ».
267. « Dans un article de 2012… » : Goodland, « FAO Yields to Meat Industry Pressure ».
267. « “La FAO calcule les émissions…” » : Goodland et Anhang, « Livestock and Climate Change », 13.
268. « Dans le suivi de leur article… » : Goodland, « “Livestock and Climate Change” : Critical Comments and Responses », 8.

268. « De surcroît, la FAO ne prend pas en compte… » : Goodland et Anhang, « Livestock and Climate Change », 14.

270. «… “les chiffres cités par la FAO…” » : *ibid.*

271. « … “les émissions de gaz provoquées par la respiration du bétail…” » : Steinfeld et Wassenaar, « The Role of Livestock Production ».

271. « “Aujourd’hui, expliquent-ils…” » : Goodland et Anhang, « Livestock and Climate Change », 12.

271. « … Goodland et Anhang ajoutent que… » : Goodland et Anhang, « “Livestock and Climate Change” : Critical Comments and Responses », 7.

272. « “L’augmentation du marché des produits d’élevage…” » : Goodland et Anhang, « Livestock and Climate Change », 13.

274. « “J’ai adressé un e-mail à Mario…” » : Lehmkuhl, « Livestock and Climate ».

274. Puis, en 2012… : Goodland, « FAO Yields to Meat Industry Pressure ».

274. « “… dont l’objectif affiché…” » : *ibid.*

274. « “Goodland affirme que ce nouveau partenariat…” » : Steinfeld et Gerber, « Livestock Production ».

275. «… alors même que la Banque mondiale recommande… » : Goodland, « Meat Industry Pressure ».

275. « Sans grande surprise pour personne… » : Gerber *et al.*, *Tackling Climate Change.*

275. « En 2014, un rapport de l’Assemblée générale de l’ONU… » : Human Rights Council, « Report of the Special Rapporteur ».

275. « Les auteurs du rapport de l’Unesco notent que… » : Kanaly *et al.*, « Energy Flow », 10.

Bibliographie

Allison, Tom. « Financial Health of Young America: Measuring Generational Declines Between Baby Boomers and Millennials. » *Young Invincibles*, janvier 2017. https://younginvincibles.org/wp-content/uploads/2017/04/FHYA-Final2017-1-1.pdf.

« Amazon Rainforest Deforestation "Worst in 10 Years," Says Brazil. » BBC News. 24 novembre 2018. https://www.bbc.com/news/world-latin-america-46327634.

American Chemical Society. « What Are the Greenhouse Gas Changes Since the Industrial Revolution? ». Consulté le 31 janvier 2019.https://www.acs.org/content/acs/en/climatescience/greenhousegases/industrialrevolution.html.

American Farm Bureau Federation. « Fast Facts about Agriculture. » Consulté en janvier 2019. https://www.fb.org/newsroom/fast-facts.

American Merchant Marine at War. « Liberty Ship *SS Robert E. Peary*. » Consulté le 30 janvier 2019, www.usmm.org/peary.html.

Aton, Adam. « Earth Almost Certain to Warm by 2 Degrees Celsius. » *Scientific American*, 1er août 2017. https://www.scientificamerican.com/article/earth-almost-certain-to-warm-by-2-degrees-celsius/.

Babaee, Samaneh, Nagpure, Ajay S., et DeCarolis, Joseph F. « How Much Do Electric Drive Vehicles Matter to Future U.S. Emissions? » *Environmental Science and Technology* 48 (2014): 1382–1390. https://doi.org/10.1021/es4045677.

Ballew, Matthew, Jennifer Marlon, Xinran Wang, Anthony Leiserowitxch, et Edward Maibach. « Importance of Global Warming as a Voting Issue in the U.S. Depends on Where People Live and What People Have Experienced. » Yale Program on Climate

Change Communication, November 2, 2018. climatecommunication.yale.edu/publications/climate-voters/.
Bar-On, Yinon M., Rob Phillips, et Ron Milo. « The Biomass Distribution on Earth. ». *Proceedings of the National Academy of Sciences* 115, no. 25 (2018): 6506–6511. https://doi.org/10.1073/pnas.1711842115.
Berger, Michele W. « Penn Psychologists Study Intense Awe Astronauts Feel Viewing Earth from Space. » *Penn Today*, 18 avril 2016. https://penntoday.upenn.edu/news/penn-psychologists-study-intense-awe-astronauts-feel-viewing-earth-space.
Bernofsky, Susan. « On Translating Kafka's "The Metamorphosis." » *The New Yorker*, 14 janvier 2014. https://www.newyorker.com/books/page-turner/on-translating-kafkas-the-metamorphosis.
Bethge, Philip. « Urine Containers, "Space Boots" and Artifacts Aren't Just Junk, Argue Archaeologists. », *Spiegel Online*, 18 Mars 2010. http://www.spiegel.de/international/zeitgeist/saving-moon-trash-urine-containers-space-boots-and-artifacts-aren-t-just-junk-argue-archaeologists-a-684221.html.
Brahic, Catherine. « How Long Does It Take a Rainforest to Regenerate? », *New Scientist*, 11 juin 2018. https://www.newscientist.com/article/dn14112-how-long-does-it-take-a-rainforest-to-regenerate/.
Brandt, Richard. « Google Divulges Numbers at I/O: 20 Billion Texts, 93 Million Selfies and More. » *Silicon Valley Business Journal*, 25 juin 2014. https://www.bizjournals.com/sanjose/news/2014/06/25/google-divulges-numbers-at-i-o-20-billion-texts-93.html.
British Nutrition Foundation. « How the War Changed Nutrition: From There to Now. » Consulté le 12 janvier 2019. https://www.nutrition.org.uk/nutritioninthenews /wartimefood/warnutrition.html.
Brody, Richard. « The Unicorn and "The Karski Report," » *The New Yorker*. Consulté le 12 janvier 2019. https://www.newyorker.com/culture/richard-brody/the-unicorn-and-the-karski-report.
Brookhaven National Laboratory. « The First Video Game ? » Consulté le 30 janvier 2019. https://www.bnl.gov/about/history/firstvideo.php.
Buehler, Jake. « This Tiny Fish Can Recognize Itself in a Mirror. Is It Self-Aware? » *National Geographic*, 11 septembre 2018.

https://www.nationalgeographic.com/animals/2018/09/fish-cleaner-wrasse-self-aware-mirror-test-intelligence-news/.
Burke, Marshall, Solomon M. Hsiang, et Edward Miguel. « Climate and Conflict. » *Annual Review of Economics* 7, no. 1 (2015): 577–617. https://web.stanford.edu/mburke/papers/Burke%20Hsiang%20Miguel%202015.pdf.
Burkeman, Oliver. « We're All Climate Change Deniers at Heart, » *The Guardian*, 8 juin 2015. https://www.theguardian.com/commentisfree/2015/jun/08/climate-change-deniers-g7-goal-fossil-fuels.
Caba, Justin. « Eating Healthy Could Get Costly: Healthy Diets Cost About $1.50 More Than Unhealthy Diets. », *Medical Daily*, 5 décembre 2013. https://www.medicaldaily.com/eating-healthy-could-get-costly-healthy-diets-cost-about-150-more-unhealthy-diets-264432.
Calfas, Jennifer. « Americans Have So Much Debt They're Taking It to the Grave. » *Money*, 22 mars 2017. money.com/money/4709270/americans-die-in-debt/.
« Carbon Emissions per Person, by Country. » *The Guardian*. 2 septembre 2009. https://www.theguardian.com/environment/datablog/2009/sep/02/carbon-emissions-per-person-capita.
Carey, Benedict. « Alex, a Parrot Who Had a Way with Words, Dies, » *The New York Times*, 10 septembre 2007. https://www.nytimes.com/2007/09/10/science/10cnd-parrot.html.
Carrington, Damian. « Arctic Stronghold of World's Seeds Flooded After Permafrost Melts. » *The Guardian*, 19 mai 2017. https://www.theguardian.com/environment/2017/may/19/arctic-stronghold-of-worlds-seeds-flooded-after-permafrost-melts.
Carrington, Damian. « Huge Reduction in Meat-Eating "Essential" to Avoid Climate Breakdown. » *The Guardian*, 10 octobre 2018. https://www.theguardian.com/environment/2018/oct/10/huge-reduction-in-meat-eating-essential-to-avoid-climate-breakdown.
Carrington, Damian. « Humans Just 0.01 % of All Life but Have Destroyed 83 % of Wild Mammals – Study. » *The Guardian*, 21 mai 2018. https://www.theguardian.com/environment/2018/may/21/human-race-just-001-of-all-life-but-has-destroyed-over-80-of-wild-mammals-study.
CDP. « New Report Shows Just 100 Companies Are Source of Over 70 % of Emissions. » 10 juillet 2017. https://www.cdp.net/en/

articles/media/new-report-shows-just-100-companies-are-source-of-over-70-of-emissions.

Center for Sustainable Systems. « Carbon Footprint Factsheet. » University of Michigan, 2018. Consulté le 10 mars 2019. http://css.umich.edu/factsheets/carbon-footprint-factsheet.

Centers for Disease Control and Prevention. « Tobacco-Related Mortality. » 17 janvier 2018. https://www.cdc.gov/tobacco/data_statistics/fact_sheets/health_effects/tobacco_related_mortality/index.htm.

Chase, Robin. « Car-Sharing Offers Convenience, Saves Money and Helps the Environment, » United States Department of State, Bureau of International Information Programs. Consulté le 5 février 2019. https://photos.state.gov/libraries/cambodia/30486/Publications/everyone_in_america_own_a_car.pdf.

Christakis, Nicholas A., et James H. Fowler. *Connected: The Surprising Power of Our Social Networks and How They Shape Our Lives.* New York : Little, Brown and Company, 2009.

Clark, Duncan. « How Long Do Greenhouse Gases Stay in the Air? » *The Guardian*, 16 janvier 2012. https://www.theguardian.com/environment/2012/jan/16/greenhouse-gases-remain-air.

Collingham, Lizzie. *The Taste of War: World War II and the Battle for Food.* New York : Penguin, 2013.

Compassion in World Farming. *Strategic Plan 2013–2017.* Consulté le 30 janvier 2019. https://www.ciwf.org.uk/media/3640540/ciwf_strategic_plan_20132017.pdf.

Conca, James. « Children Change the Climate in the U.S. Supreme Court—1st Climate Lawsuit Goes Forward. » *Forbes*, 3 août 2018. https://www.forbes.com/ sites/jamesconca/2018/08/03/children-change-the-climate-in-the-us-supreme-court-1st-climate-lawsuit-goes-forward/#1b34f8e53547.

Coren, Michael J. « Humans Have Depleted the Earth's Natural Resources with Five Months Still to Go in 2018. » *Quartz*, 1er août 2018. https://qz.com/1345205/humans-have-depleted-the-earths-natural-resources-with-five-months-still-to-go-in-2018/.

Croptrust. « Svalbard Global Seed Vault. » Consulté le 25 janvier 2019. https://www.croptrust.org/our-work/svalbard-global-seed-vault/.

Cushman, John H., Jr, « Exxon Made Deep Cuts in Climate Research Budget in the 1980s. » *Inside Climate News*, 25 novembre 2015.

https://insideclimatenews.org/news/25112015/exxon-deep-cuts-climate-change-research-budget-1980s-global-warming.
Daggett, Stephen. *Costs of Major U.S. Wars.* U.S. Library of Congress, Congressional Research Service, RS22926, 2010.
Dahl, Melissa. « Why Can't You Smell Your Own Home? » *The Cut*, 26 août 2014. https://www.thecut.com/2014/08/why-cant-you-smell-your-own-home.html.
Davidai, Shai, Thomas Gilovich, et Lee D. Ross. « The Meaning of Default Options for Potential Organ Donors. » *Proceedings of the National Academy of Sciences*, 2012: 15201–15205. https://stanford.app.box.com/s/yohfziywajw3nmwxo7d3ammndihibe7g.
« Deforestation and Its Extreme Effect on Global Warming. » *Scientific American.* Consulté le 31 janvier 2019. https://www.scientificamerican.com/article/deforestation-and-global-warming/.
Delmont, Matthew. « African-Americans Fighting Fascism and Racism, from WWII to Charlottesville. » *The Conversation*, 21 août 2017. https://theconversation.com/african-americans-fighting-fascism-and-racism-from-wwii-to-charlottesville-82551.
Dennis, Brady. « Who Still Smokes in the United States – in Seven Simple Charts. » *The Washington Post*, 12 novembre 2015. https://www.washingtonpost.com/news/to-your-health/wp/2015/11/12/smoking-among-u-s-adults-has-fallen-to-historic-lows-these-7-charts-show-who-still-lights-up-the-most/.
Delta Dental. *2014 Oral Health and Well-Being Survey*, 2014. https://www.deltadentalnj.com/employers/downloads/DDPAOralHealthandWellBeingSurvey.pdf.
« Dialogue of a Man with His Soul. » Ethics of Suicide Digital Archive, University of Utah. Consulté le 5 février 2019. https://ethicsofsuicide.lib.utah.edu/selections/egyptian-didactic-tale/.
Di Leberto, Tom. « Summer Heat Wave Arrives in Europe. » Climate.gov, 14 juillet 2015. https://www.climate.gov/news-features/event-tracker/summer-heat-wave-arrives-europe.
Disney, Walt. *Food Will Win the War*. Short film. Walt Disney Productions. YouTube, mis en ligne le 24 avril 2012. https://www.youtube.com/watch?v=HeTqKKCm3Tg.
Displacement Solutions. *Climate Displacement in Bangladesh: The Need for Urgent Housing, Land and Property (HLT) Rights Solutions*. Mai 2012. https://unfccc.int/files/adaptation/groups_committees/loss_and_damage_executive_committee/application/pdf/ds_bangladesh_report.pdf.

Dohmen, Thomas J. « In Support of the Supporters? Do Social Forces Shape Decisions of the Impartial? » Institute for the Study of Labor (IZA), Bonn, Avril 2003. http://ftp.iza.org/dp755.pdf.

Dokoupil, Tony. « Why Suicide Has Become an Epidemic – and What We Can Do to Help. » *Newsweek*, 23 mai 2013. https://www.newsweek.com/2013/05/22/why-suicide-has-become-epidemic-and-what-we-can-do-help-237434.html.

Dunn, Marcia. « SpaceX Chief Envisions 1,000 Passenger Ships Flying to Mars. » APNews, 27 septembre 2016. https://apnews.com/a8c262f520c14ee583fdbb07d1f82a25.

Durisin, Megan, et Shruti Date Singh. « Americans' Meat Consumption Set to Hit a Record in 2018. » *The Seattle Times*, 2 janvier 2018. https://www.seattletimes.com/business/americans-meat-consumption-set-to-hit-a-record-in-2018/.

Eberle, Jaelyn J., Henry C. Fricke, John D. Humphrey, Logan Hackett, Michael G. Newbrey, et J. Howard Hutchison. « Seasonal Variability in Arctic Temperatures During Early Eocene Time. »

Earth and Planetary Science Letters 296, no. 3–4 (août 2010): 481–486. https://doi.org/10.1016/j.epsl.2010.06.005.

Eckstein, David, Marie-Lena Hutfils, et Maik Wings. « Global Climate Risk Index 2019: Who Suffers Most from Extreme Weather Events? Weather-Related Loss Events in 2017 and 1998 to 2017. » *Germanwatch*, 10 décembre 2018. https://www.germanwatch.org/sites/germanwatch.org/files/Global%20Climate%20Risk%20Index%202019_2.pdf.

Erb, Karl-Heinz, Thomas Kastner, Christoph Plutzar, Anna Liza S. Bais, Nuno Carvalhais, Tamara Fetzel, Simone Gingrich, Helmut Haberl, Christian Lauk, Maria Niedertscheider, Julia Pongratz, Martin Thurner, et Sebastiaan Luyssaert. « Unexpectedly Large Impact of Forest Management and Grazing on Global Vegetation Biomass. » *Nature* 553, no. 73–76 (janvier 2018). https://www.nature.com/articles/nature25138.

Erman, Adolf. *The Ancient Egyptians: A Sourcebook of Their Writings*. Traduit par Ayward M. Blackman. New York : Harper and Row, 1966.

Ferreira, Becky. « Seeing Earth from Space Is the Key to Saving Our Species from Itself. » *Motherboard*, 12 octobre 2016. https://motherboard.vice.com/en_us/article/bmvpxq/to-save-humanity-look-at-earth-from-space-overview-effect.

Firestone, Lisa. « Busting the Myths about Suicide. » *PsychAlive.* Consulté le 24 janvier 2019. https://www.psychalive.org/busting-the-myths-about-suicide/.

Fischer, Hilke, et Dave Keating. « How Eco friendly Are Electric Cars? » Deutsche Welle, 8 avril 2017. https://www.dw.com/en/how-eco-friendly-are-electric-cars/a-19441437.

Fishcount. « Number of Farmed Fish Slaughtered Each Year. » Consulté le 30 janvier 2019. http://www.fishcount.org.uk/fish-count-estimates-2/numbers-of-farmed-fish-slaughtered-each-year.

Fitch, Riley. « Julia Child: The OSS Years. » *The Wall Street Journal*, 19 août 2008. https://www.wsj.com/articles/SB121910345904851347.

Flynn, Mary M., et Andrew R. Schiff. « Economical Healthy Diets (2012): Including Lean Animal Protein Costs More Than Using Extra Virgin Olive Oil, » *Journal of Hunger and Environmental Nutrition* 10, no. 4 (2015): 467–482. https://doi.org/10.1080/19320248.2015.1045675.

Food and Agriculture Organization of the United Nations. « Current Worldwide Annual Meat Consumption per Capita, Livestock and Fish Primary Equivalent. » Consulté le 26 janvier 2019. http://faostat.fao.org/site/610/DesktopDefault.aspx?PageID=610#ancor.

Food and Agriculture Organization of the United Nations. « Deforestation Causes Global Warming, » FAO Newsroom, 4 septembre 2006. www.fao.org/newsroom/en/news/2006/1000385/index.html.

FRED Economic Data. « Real Median Personal Income in the United States. » Federal Reserve Bank of St. Louis. Consulté le 1er février 2019. https://fred.stlouisfed.org/series/MEPAINUSA672N.

Frischmann, Chad. « 100 Solutions to Reverse Global Warming. » TED Talk video. YouTube, 19 décembre 2018. https://www.youtube.com/watch?v=D4vjGSiRGKY&feature=youtu.be.

Frozen Ark Project. Consulté le 1er février 2019. https://www.frozenark.org.

Gallagher, Hugh Gregory. *FDR's Splendid Deception: The Moving Story of Roosevelt's Massive Disability – and the Intense Efforts to Conceal It from the Public.* St. Petersburg, FL : Vandamere Press, 1999.

Gannon, Michael. *Operation Drumbeat: The Dramatic True Story of Germany's First U-Boat Attacks Along the American Coast in World War II.* New York: Harper and Row, 1996.

Ganzel, Bill. « Shrinking Farm Numbers. » Wessels Living History Farm, 2007. https://livinghistoryfarm.org/farminginthe50s/life_11.html.

Garan, Ron. *The Orbital Perspective: Lessons in Seeing the Big Picture from a Journey of 71 Million Miles.* Oakland, CA : Berrett-Koehler, 2015.

Gates, Bill. « Climate Change and the 75 % Problem. » *Gatesnotes* (blog), 17 octobre 2018. https://www.gatesnotes.com/Energy/My-plan-for-fighting-climate-change.

Gekoski, Rick. « Fact-Check Fears. » *The Guardian*, 9 septembre 2011. https://www.theguardian.com/books/2011/sep/09/fact-check-rick-gekoski.

George C. Marshall Foundation. « National Nutrition Month and Rationing. » 4 mars 2016. https://www.marshallfoundation.org/blog/national-nutrition-month-rationing/.

Gerbens-Leenes, P.W., M.M. Mekonnen, et A.Y. Hoekstra. « The Water Footprint of Poultry, Pork and Beef: A Comparative Study in Different Countries and Production Systems. » *Water Resources and Industry* 1–2 (2013): 25–36. https://doi.org/10.1016/j.wri.2013.03.001.

Gerber, P.J., H. Steinfeld, B. Henderson, A. Mottet, C. Opio, J. Dijkman, A. Falcucci, et G. Tempio. *Tackling Climate Change Through Livestock: A Global Assessment of Emissions and Mitigation Opportunities.* Food and Agriculture Organization of the United Nations, Rome, 2013. http://www.fao.org/3/a-i3437e.pdf.

Ghosh, Amitav. *The Great Derangement: Climate Change and the Unthinkable.* Chicago : University of Chicago Press, 2016.

Girod, B., D.P. van Vuuren, et E. G. Hertwich. « Climate Policy Through Changing Consumption Choices: Options and Obstacles for Reducing Greenhouse Gas Emissions. » *Global Environmental Change* 25 (2014): 5–15.

Glionna, John M. « Survivor Battles Golden Gate's Suicide Lure. » *The Seattle Times*, 4 juin 2005. https://www.seattletimes.com/nation-world/survivor-battles-golden-gates-suicide-lure/.

« Global Carbon Dioxide Emissions Rose Almost 3 % in 2018. » CBC. 5 décembre 2018. https://www.cbc.ca/news/technology/carbon-pollution-increase-1.4934096.

Goldhill, Olivia. « Astronauts Report an "Overview Effect" from the Awe of Space Travel – and You Can Replicate It Here on Earth. » *Quartz*, 6 septembre 2015. https://qz.com/496201/astronauts-report-an-overview-effect-from-the-awe-of-space-travel-and-you-can-replicate-it-here-on-earth/.

Goodland, Robert et Jeff Anhang. « FAO Yields to Meat Industry Pressure on Climate Change. » *The New York Times*, 11 juillet 2012. https://bittman.blogs.nytimes.com/2012/07/11/fao-yields-to-meat-industry-pressure-on-climate-change/.

Goodland, Robert. « "Livestock and Climate Change": Critical Comments and Responses. » *World Watch Magazine*, mars-avril 2010. www.chompingclimatechange.org/wp-content/uploads/2015/01/Livestock-and-Climate-Change-critical-comments-and-responses.pdf.

Goodland, Robert, et Jeff Anhang. « Livestock and Climate Change. » *World Watch Magazine*, novembre-décembre 2009. http://www.worldwatch.org/files/pdf/Livestock%20and%20Climate%20Change.pdf.

Goodland, Robert, et Jeff Anhang. « Response to "Livestock and Greenhouse Gas Emissions: The Importance of Getting the Numbers Right," by Herrero et al. [Anim. Feed Sci. Technol. 166–167: 779–782]. » *Animal Feed Science and Technology* 172, pp. 252–256. https://awfw.org/wp-content/uploads/Goodland-Anhang-Livestock-GHG-1-7-12.pdf.

Goodland, Tom. « Robert Goodland Obituary. » *The Guardian*, 4 février 2014. https://www.theguardian.com/environment/2014/feb/05/robert-goodland.

Gorman, James. « It Could Be the Age of the Chicken, Geologically. » *The New York Times*, 11 décembre 2018. https://www.nytimes.com/2018/12/11/science/chicken-anthropocene-archaeology.html.

Greshko, Michael, Laura Parker, Brian Clark Howard, Daniel Stone, Alejandra Borunda, et Sarah Gibbens. « How Trump Is Changing the Environment. » *National Geographic*, 17 janvier 2019. https://news.nationalgeographic.com/2017/03/how-trump-is-changing-science-environment/

Griffin, Paul. « The Carbon Majors Database: CDP Carbon Majors Report 2017. » CDP, juillet 2017. http://climateaccountability.org/pdf/CarbonMajorsRpt2017%20Jul17.pdf.

Guggheim, Davis, dir. *An Inconvenient Truth*. 2006: Paramount.

Harris Poll (The). « Carrying on Tradition Around the Thanksgiving Table. » Consulté le 30 janvier 2019. https://theharrispoll.com/thanksgiving-is-just-around-the-corner-and-americans-across-the-country-are-planning-what-to-serve-who-theyll-dine-with-and-where-theyll-eat-a-vast-majority-of-adults-indicate-the/.

Hartmann, Susan M. *The Home Front and Beyond: American Women in the 1940s.* Boston : Twayne, 1982.

Harvey, Fiona. « World Has Three Years Left to Stop Dangerous Climate Change, Warn Experts. » *The Guardian,* 28 juin 2017. https://www.theguardian.com/environment/2017/jun/28/world-has-three-years-left-to-stop-dangerous-climate-change-warn-experts.

Helliwell, John F., Richard Layard, et Jeffrey D. Sachs. *World Happiness Report 2018.* Consulté le 1er février 2019. https://s3.amazonaws.com/happiness-report/2018/WHR_web.pdf.

Herbst, Diane, « Kevin Hines Survived a Jump Off the Golden Gate Bridge. Now, He's Helping Others Avoid Suicide, » Psycom, 8 juin 2018. https://www.psycom.net/kevin-hines-survived-golden-gate-bridge-suicide/.

Hershfield, Hal. « You Make Better Decisions If You "See" Your Senior Self. » *Harvard Business Review*, Juin 2013. https://hbr.org/2013/06/you-make-better-decisions-if-you-see-your-senior-self.

Hoekstra, Arjen Y., et Mesfin M. Mekonnen. « The Water Footprint of Humanity. » *Proceedings of the National Academy of Sciences* 109, no. 9 (février 2012), 3232–3237. https://doi.org/10.1073/pnas.1109936109.

Holford, Thomas R., Rafael Meza, Kenneth E. Warner, Clare Meernik, Jihyoun Jeon, Suresh H. Moolgavkar, et David T. Levy. « Tobacco Control and the Reduction in Smoking-Related Premature Deaths in the United States, 1964–2012. » *JAMA* 311, no. 2 (2014): 164–171. https://doi.org/10.1001/jama.2013.285112.

Huicochea, Alexis. « Man Lifts Car Off Pinned Cyclist. » *Arizona Daily Star*, Juillet 28, 2006. https://tucson.com/news/local/crime/man-lifts-car-off-pinned-cyclist/article_e7f04bbd-309b-5c7e-808d-1907d91517ac.html.

Human Rights Council. « Report of the Special Rapporteur on the Right to Food, Olivier De Schutter. » United Nations General

Assembly, 24 janvier 2014. http://www.srfood.org/images/stories/pdf/officialreports/20140310_finalreport_en.pdf.

Hunger Project. « Know Your World: Facts About Hunger and Poverty. » novembre 2017. https://www.thp.org/knowledge-center/know-your-world-facts-about-hunger-poverty/.

Institute for Operations Research and the Management Sciences. « Carefully Chosen Wording Can Increase Donations by Over 300 Percent. » *ScienceDaily*, 8 novembre 2016. www.sciencedaily.com/releases/2016/11/161108120317.htm.

Institute of Noetic Sciences. « Our Story. » IONS EarthRise. Consulté le 31 janvier 2019. https://noetic.org/earthrise/about/overview.

Intergovernmental Panel on Climate Change. *Climate Change 2013: The Physical Science Basis – Contribution of Working Group I to the Fifth Assessment Report of the Intergovernmental Panel on Climate Change*, chap. 8 (Cambridge, UK, et New York : Cambridge University Press, 2013), 711–714, table 8.7. https://doi.org/10.1017/CBO9781107415324.

Intergovernmental Panel on Climate Change, *Global Warming of 1.5 °C: An IPCC Special Report on the Impacts of Global Warming of 1.5 °C Above Pre-industrial Levels and Related Global Greenhouse Gas Emission Pathways, in the Context of Strengthening the Global Response to the Threat of Climate Change, Sustainable Development, and Efforts to Eradicate Poverty*. Dirigé par V. Masson-Delmotte, P. Zhai, H.O. Pörtner, D. Roberts, J. Skea, P.R. Shukla, A. Pirani, W. Moufouma-Okia, C. Péan, R. Pidcock, S. Connors, J.B.R. Matthews, Y. Chen, X. Zhou, M.I. Gomis, E. Lonnoy, T. Maycock, M. Tignor, et T. Waterfield. In press, 2018.

Jacobson, Mark Z., et Mark A. Delucchi. « A Path to Sustainable Energy by 2030. » *Scientific American*, novembre 2009. https://web.stanford.edu/group/efmh/jacobson/Articles/I/sad1109Jaco5p.indd.pdf.

Jardine, Phil. « Patterns in Palaeontology: The Paleocene – Eocene Thermal Maximum. » *Palaeontology Online* 1, no. 5. Consulté le 31 janvier 2019. https://www.palaeontologyonline.com/articles/2011/the-paleocene-eocene-thermal-maximum/.

Jouzel, Jean, Valérie Masson-Delmotte, Olivier Cattani, Gabrielle B. Dreyfus, Sonia Falourd, Georg Hoffmann, Benedicte Minster, Julius Nouet, J.M. Barnola, Jérôme Chappellaz, Hubertus Fischer, Jean Charles Gallet, S.E.J. Johnsen, Markus

Leuenberger, Laetitia Loulergue, Dieter Lüthi, Hans Oerter, Frédéric Parrenin, Grant M. Raisbeck, Dominique Raynaud, Adrian Schilt, Jakob Schwander, Enricomaria Selmo, Roland A. Souchez, Renato Spahni, Bernhard Stauffer, Jorgen Peder Steffensen, Barbara Stenni, Thomas F. Stocker, J.L. Tison, Maria Werner, et Eric W. Wolff. « Orbital and Millennial Antarctic Climate Variability over the Past 800,000 Years. » *Science* 317, no. 5839 (2007): 793–796. https://doi.org/10.1126 /science.1141038

Kanaly, Robert A., Lea Ivy O. Manzanero, Gerard Foley, Sivanandam Panneerselvam, Darryl Macer. « Energy Flow, Environment and Ethical Implications for Meat Production. » Ethics and Climate Change in Asia and the Pacific (ECCAP) Project, 2010. www.eubios.info/yahoo_site_admin/assets/docs/ECCAPWG13.83161418.pdf

Kaneda, Toshiko, et Carl Haub. « How Many People Have Ever Lived on Earth? » Population Reference Bureau, 9 mars 2018. https://www.prb.org/howmanypeoplehaveeverlivedonearth/

Kastberger, Gerald, Evelyn Schmelzer, et Ilse Kranner. « Social Waves in Giant Honeybees Repel Hornets. » *PLoS ONE* 3, no. 9 (2008): e3141. https://doi.org/10.1371/journal.pone.0003141.

Kearl, Michael C. *Endings: A Sociology of Death and Dying*. New York : Oxford University Press, 1989.

Khan, Sammyh S., Nick Hopkins, Stephen Reicher, Shruti Tewari, Narayanan Srinivasan, et Clifford Stevenson. « How Collective Participation Impacts Social Identity: A Longitudinal Study from India. » *Political Psychology* 37 (2016): 309–325. https://doi.org/10.1111/pops.12260.

Kim, B.F., R.E. Santo, A.P. Scatterday, J.P. Fry, C.M. Synk, S.R. Cebron, M.M. Mekonnen, A.Y. Hoekstra, S. de Pee, M.W. Bloem, R.A. Neff, et K.E. Nachman. « Country-Specific Dietary Shifts to Mitigate Climate and Water Crises. » Publication pending.

Kim, Brent, Roni Neff, Raychel Santo, et Juliana Vigorito. « The Importance of Reducing Animal Product Consumption and Wasted Food in Mitigating Catastrophic Climate Change. » Johns Hopkins Center for a Livable Future, 2015. https://www.jhsph.edu/research/centers-and-institutes/johns-hopkins-center-for-a-livable-future/_pdf/research/clf_reports/importance-of-reducing-animal-product-consumption-and-wasted-food-in-mitigating-catastrophic-climate-change.pdf.

Kluger, Jeffrey. « Earth from Above: The Blue Marble. » *Time*, 9 février 2012. www.time.com/3785942/blue-marble/

Knapton, Sarah. « Human Race Is Doomed If We Do Not Colonize the Moon and Mars, Says Stephen Hawking. » *The Telegraph*, 20 juin 2017. https://www.telegraph.co.uk/science/2017/06/20/human-race-doomed-do-not-colonise-moon-mars-says-stephen-hawking/.

Koneswaran, G., et D. Nierenberg. « Global Farm Animal Production and Global Warming: Impacting and Mitigating Climate Change. » *Environmental Health Perspectives* 116, no. 5 (2008): 578–582. https://www.ncbi.nlm.nih.gov/pmc/articles/PMC2367646/.

Kotecki, Peter. « Jeff Bezos Is the Richest Man in Modern History – Here's How He Spends on Philanthropy. » *Business Insider*, 13 septembre 2018. https://www.businessinsider.com/jeff-bezos-richest-person-modern-history-spends-oncharity-2018-7.

Kuper, Simon. « Who Stole the Mona Lisa? » *Slate*, 7 août 2011. https://slate.com/human-interest/2011/08/who-stole-the-mona-lisa-the-world-s-most-famous-art-heist-100-years-on.html.

« "LA GIOCONDA" IS STOLEN IN PARIS; Masterpiece of Lionardo da Vinci Vanishes from Louvre [...]. » *The New York Times*. 23 août 1911. https://www.nytimes.com/1911/08/23/archives/la-gioconda-is-stolen-in-paris-masterpiece-of-lionardo-da-vinci.html.

Lamble, Lucy. « With 250 Babies Born Each Minute, How Many People Can the Earth Sustain? » *The Guardian*, 23 avril, 2018. https://www.theguardian.com/global-development/2018/apr/23/population-how-many-people-can-the-earth-sustain-lucy-lamble.

Lavelle, Marianne. « 2016: Obama's Climate Legacy Marked by Triumphs and Lost Opportunities. » *Inside Climate News*, 26 décembre 2016. https://insideclimatenews.org/news/23122016/obama-climate-change-legacy-trump-policies

Lee, Bruce Y. « What Is "Selfitis" and When Does Taking Selfies Become a Real Problem? » *Forbes*, 26 décembre 2017. https://www.forbes.com/sites/brucelee/2017/12/26/what-is-selfitis-and-when-does-taking-selfies-become-a-real-problem/#648994c-330dc.

Lehmkuhl, Vance. « Livestock and Climate: Whose Numbers Are More Credible? » *The Philadelphia Inquirer*, 2 mars 2012.

https://www.philly.com/philly/blogs/earth-to-philly/Livestock-and-climate-Whose-numbers-are-more-credible.html

Leiserowitz, Anthony, Edward Maibach, Seth Rosenthal, John Kotcher, Matthew Ballew, Matthew Goldberg, et Abel Gustafson. « Climate Change in the American Mind: December 2018. » Yale Program on Climate Change Communication, 22 janvier 2019. http://climatecommunication.yale.edu/publications/climate-change-in-the-american-mind-december-2018/2/.

Leskin, Paige. « The 13 Tech Billionaires Who Donate the Biggest Percentage of Their Wealth to Charity. » *Business Insider*, 31 janvier 2019. https://www.businessinsider.com/tech-billionaires-who-donate-most-to-charity-2019-1.

Levine, Morgan E., Jorge A. Suarez, Sebastian Brandhorst, Priya Balasubramanian, Chia-Wei Cheng, Federica Madia, Luigi Fontana, Mario G. Mirisola, Jaime Guevara-Aguirre, Junxiang Wan, Giuseppe Passarino, Brian K. Kennedy, Pinchas Cohen, Eileen M. Crimmins, et Valter D. Longoa. « Low Protein Intake Is Associated with a Major Reduction in IGF-1, Cancer, and Overall Mortality in the 65 and Younger but Not Older Population. » *Cell Metabolism* 19 (2014) : 407–417. https://doi.org/10.1016/j.cmet.2014.02.006.

Lewin, Zofia, et Wladyslaw Bartoszewski, *Righteous Among Nations: How the Poles Helped the Jews 1939–1945*. London : Earlscourt 42 Publications, 1969. www.writing.upenn.edu/~afilreis/Holocaust/karski.html.

Lincoln, Abraham. « Proclamation of Thanksgiving. » Consulté le 30 janvier 2019. www.abrahamlincolnonline.org/lincoln/speeches/thanks.htm.

Low, Philip. « The Cambridge Declaration on Consciousness. » Presented at the Francis Crick Memorial Conference on Consciousness in Human and Non-Human Animals, Churchill College, University of Cambridge, 7 juillet 2012. fcmconference.org/img/CambridgeDeclarationOnConsciousness.pdf.

Ma, Qiancheng. « Greenhouse Gases: Refining the Role of Carbon Dioxide, » National Aeronautics and Space Administration, Goddard Institute for Space Studies, mars 1998. https://www.giss.nasa.gov/research/briefs/ma_01/.

Mann, Michael E., et Lee R. Kump. *Dire Predictions: The Visual Guide to the Findings of the IPCC*. 2nd ed. London : DK, 2015.

Mapes, Terri. « The Population of Nordic Countries. » *TripSavvy*, 17 août 2018. https://www.tripsavvy.com/population-in-nordic-countries-1626872.

Margulis, Sergio. « Causes of Deforestation of the Brazilian Amazon. » World Bank Working Paper 22, 2004. http://documents.worldbank.org/curated/en/758171468768828889/pdf/277150PAPER0wbwp0no1022.pdf.

Marlon, Jennifer, Eric Fine, et Anthony Leiserowitz. « Majorities of Americans in Every State Support Participation in the Paris Agreement. » Yale Program on Climate Change Communication, 8 mai 2017. http://climatecommunication.yale.edu/publications/paris_agreement_by_state/.

Marshall, George. *Don't Even Think About It: Why Our Brains Are Wired to Ignore Climate Change.* New York : Bloomsbury USA, 2014.

Masci, David. « For Darwin Day, 6 Facts about the Evolution Debate. » Pew Research Center, 10 février 2017. www.pewresearch.org/fact-tank/2017/02/10/darwin-day/.

Martin Luther King, Jr. Research and Education Institute. « March on Washington for Jobs and Freedom. » Stanford University. Consulté le 25 janvier 2019. https://kinginstitute.stanford.edu/encyclopedia/march-washington-jobs-and-freedom.

Matthews, Dylan. « Donald Trump Has Tweeted Climate Change Skepticism 115 Times. Here's All of It. » *Vox*, 1er juin 2017. https://www.vox.com/policy-and-politics/2017/6/1/15726472/trump-tweets-global-warming-paris-climate-agreement.

McDonald, Charlotte. « How Many Earths Do We Need? » BBC News, 16 juin 2015. https://www.bbc.com/news/magazine-33133712.

McKibben, Bill. « Global Warming's Terrifying New Math. » *Rolling Stone*, 19 juillet 2012. https://www.rollingstone.com/politics/politics-news/global-warmings-terrifying-new-math-188550/.

McKibben, Bill. « Up Against Big Oil in the Midterms. » *The New York Times*, 7 novembre 2018. https://www.nytimes.com/2018/11/07/opinion/climate-midterms-emissions-fossil-fuels.html.

McKie, Robin. « A Jab for Elvis Helped Beat Polio. Now Doctors Have Recruited Him Again. » *The Guardian*, 23 avril 2016. https://www.theguardian.com/society/2016/apr/24/elvis-presley-polio-vaccine-world-immunisation-week.

McKinney, Kelsey. « The Mona Lisa Is Protected by a Fence that Beyoncé and Jay-Z Ignored. » *Vox*, 13 octobre 2014. https://www.vox.com/xpress/2014/10/13/6969099/the-mona-lisa-is-protected-by-a-fence-that-beyonce-and-jay-z-ignored.

Medical Daily, « More Than Unhealthy Diets. », 5 décembre 2013. https://www.medicaldaily.com/eating-healthy-could-get-costly-healthy-dietscost-about-150-more-unhealthy-diets-264432.

Meixler, Eli. « Half of All Wildlife Could Disappear from the Amazon, Galapagos and Madagascar Due to Climate Change. » *Time*, 14 mars, 2018. www.time.com/5198732/wwf-climate-change-report-wildlife/.

Mellström, Carl, et Johanneson, Magnus. « Crowding out in Blood Donation : Was Titmuss Right? » *Journal of the European Economic Association* 6 (2008): 845–863. https://doi.org/10.1162/JEEA.2008.6.4.845.

Milman, Oliver. « Climate Change Is Making Hurricanes Even More Destructive, Research Finds. » *The Guardian*, 14 novembre 2018. https://www.theguardian.com/environment/2018/nov/14/climate-change-hurricanes-study-global-warming.

Mooallem, Jon. « The Last Supper: Living by One-Handed Food Alone. » *Harper's Magazine*, juillet 2005.

Moore, David W. « Nine of Ten Americans View Smoking as Harmful. » Gallup News Service, 7 octobre 1999. https://news.gallup.com/poll/3553/nine-ten-americans-view-smoking-harmful.aspx

Mortimer, Ian. « The Mirror Effect: How the Rise of Mirrors in the Fifteenth Century Shaped Our Idea of the Individual. » *Lapham's Quarterly*, 9 novembre 2016. https://www.laphamsquarterly.org/roundtable/mirror-effect

Morton, Ella. « Object of Intrigue: The Dummy Paratroopers of WWII. » *Atlas Obscura*, 10 novembre 2015. https://www.atlasobscura.com/articles/object-of-intrigue-the-dummy-paratroopers-of-wwii

Moss, Michael. « Nudged to the Produce Aisle by a Look in the Mirror. » *The New York Times*, 27 août 2013. https://www.nytimes.com/2013/08/28/dining/wooing-us-down-the-produce-aisle.html.

Muise, Amy, Elaine Giang, et Emily A. Impett. « Post Sex Affectionate Exchanges Promote Sexual and Relationship Satisfaction. » *Archives of Sexual Behavior* 47, no. 3 (octobre 2014) : 1391–1402. https://doi.org/10.1007/s10508-014-0305-3.

Nardo, Don. *The Blue Marble: How a Photograph Revealed Earth's Fragile Beauty.* Mankato, MN : Compass Point, 2014.

NASA. « The Hubble Space Telescope. » Goddard Space Flight Center. Consulté le 1er février 2019. https://asd.gsfc.nasa.gov/archive/hubble/missions/sm1.html.

NASA. « Mars Facts. » Consulté le 1er février 2019. https://mars.nasa.gov/allaboutmars/facts.

NASA. « Scientific Consensus: Earth's Climate Is Warming. » Consulté le 30 janvier 2019. https://climate.nasa.gov/scientific-consensus/.

NASA Earth Observatory. « How Is Today's Warming Different from the Past ? » 3 juin 2010. https://earthobservatory.nasa.gov/features/GlobalWarming/page3.php.

NASA Earth Observatory. « Is Current Warming Natural ? » 3 juin 2010. https://www.earthobservatory.nasa.gov/features/GlobalWarming/page4.php.

National Center for Injury Prevention and Control. « Suicide Rising Across the US. » Centers for Disease Control and Prevention. Consulté le 25 janvier 2019. https://www.cdc.gov/vitalsigns/suicide/index.html

National Centers for Environmental Information. « Glacial-Interglacial Cycles. » National Oceanic and Atmospheric Administration. Consulté le 31 janvier 2019. https://www.ncdc.noaa.gov/abrupt-climate-change/Glacial-Interglacial%20Cycles.

National Centers for Environmental Information. « Global Climate Report – Annual 2017. »

National Oceanic and Atmospheric Administration. Consulté le 31 janvier 2019. https://www.ncdc.noaa.gov/sotc/global/201713.

National Post. « Russia's Rich Hiring Luxurious "Ambulance-Taxis" to Beat Moscow's Traffic Jams. » 22 mars 2013. https://nationalpost.com/news/russias-rich-hiring-luxurious-ambulance-taxis-to-beat-moscows-traffic-jams.

National Research Council. *Climate Intervention: Reflecting Sunlight to Cool Earth.* Washington, DC : National Academies Press, 2015. https://doi.org/10.17226/18988.

National Snow and Ice Data Center. « All About Sea Ice : Albedo. » Consulté le 30 janvier 2019. https://nsidc.org/cryosphere/seaice/processes/albedo.html.

National Weather Service Climate Prediction Center. « Cold and Warm Episodes by Season. » http://origin.cpc.ncep.noaa.gov/products/analysis_monitoring/ensostuff/ONI_v5.php.

Natural Resources Institute, Finland. « What Was Eaten in Finland in 2016. » 29 juin 2017. https://www.luke.fi/en/news/eaten-finland-2016/.

Neuman, Scott. « 1 in 4 Americans Thinks the Sun Goes Around the Earth, Survey Says. » NPR, 14 février 2014. https://www.npr.org/sections/thetwo-way/2014/02/14/277058739/1-in-4-americans-think-the-sun-goes-around-the-earth-survey-says.

New Mexico Museum of Space History. « International Space Hall of Fame : William A. Anders. » Consulté le 24 janvier 2019. http://www.nmspacemuseum.org/halloffame/detail.php?id=71

New York Times (The). « Farm Population Lowest since 1850's. » 20 juillet 1988. https://www.nytimes.com/1988/07/20/us/farm-population-lowest-since-1850-s.html.

New York University. « Scientists Find Evidence That Siberian Volcanic Eruptions Caused Extinction 250 Million Years Ago. » Communiqué de presse, 2 octobre 2017. https://www.nyu.edu/about/news-publications/news/2017/october/scientists-find-evidence-that-siberian-volcanic-eruptions-caused.html.

Nicholas, Elizabeth. « An Incredible Number of Americans Have Never Left Their Home State. » *Culture Trip*, 19 janvier 2018. https://theculturetrip.com/north-america/usa/articles/an-incredible-number-of-americans-have-never-left-their-home-state/.

Norton, Mary Beth, David M. Katzman, David W. Blight, Howard Chudacoff, et Fredrik Logevall. *A People and a Nation: A History of the United States, Volume 2; Since 1865*. 7ème ed. Boston: Wadsworth, 2006.

Nossiter, Adam. « France Suspends Fuel Tax Increase That Spurred Violent Pro-tests. » *The New York Times*, 4 décembre, 2018. https://www.nytimes.com/2018/12/04/world/europe/france-fuel-tax-yellow-vests.html.

Nuccitelli, Dana. « Is the Climate Consensus 97 %, 99.9 %, or Is Plate Tectonics a Hoax? » *The Guardian*, 3 mai 2017. https://www.theguardian.com/environment/climate-consensus-97-per-cent/2017/may/03/is-the-climate-consensus-97-999-or-is-plate-tectonics-a-hoax.

O'Connor, Flannery. *The Complete Stories.* New York : Farrar, Straus and Giroux, 1971.

Office of the Press Secretary. « President Bush Discusses Global Climate Change. » The White House, 11 juin 2001.

https://georgewbush-whitehouse.archives.gov/news/releases/2001/06/20010611-2.html.
Ossian, Lisa L. *The Forgotten Generation: American Children and World War II*, Columbia and London : University of Missouri Press, 2011.
Our Children's Trust. « Juliana v. US-Climate Lawsuit. » Consulté le 24 janvier 2019. https://www.ourchildrenstrust.org/us/federal-lawsuit/.
Oxfam. « Extreme Carbon Inequality. », 2 décembre 2015. https://www.oxfam.org/sites/www.oxfam.org/files/file_attachments/mb-extreme-carbon-inequality-021215-en.pdf.
Paglen, Trevor. *The Last Pictures Project.* Video. Creative Time. 20 mars 2017. https://www.youtube.com/watch?v=dsBJTB-KQh9I.
Parisienne, Theodore, Thomas Tracy, Adam Shrier, et Larry McShane. « Famed Gay Rights Lawyer Sets Himself on Fire at Prospect Park in Protest Suicide Against Fossil Fuels. » *New York Daily News*, 14 avril 2018. https://www.nydailynews.com/new-york/charred-body-found-prospect-park-walking-path-article-1.3933598.
Parker, Laura. « 143 Million People May Soon Become Climate Migrants. » *National Geographic*, 19 mars 2018. https://news.nationalgeographic.com/2018/03/climate-migrants-report-world-bank-spd/.
Pasiakos, Stefan M., Sanjiv Agarwal, Harris R. Lieberman et Victor L. Fulgoni III. « Sources and Amounts of Animal, Dairy, and Plant Protein Intake of US Adults in 2007–2010. » *Nutrients* 7, no. 8 (2015): 7058–7069. https://doi.org/10.3390/nu7085322
PBS. « Civil Rights: Japanese Americans – Minorities. » Consulté le 1er février 2019. https://www.pbs.org/thewar/at_home_civil_rights_minorities.htm.
Penn, Justin L., Curtis Deutsch, Jonathan L. Payne, et Erik A. Sperling. « Temperature-Dependent Hypoxia Explains Biogeography and Severity of End-Permian Marine Mass Extinction. » *Science* 362, no. 6419 (décembre 2018). https://doi.org/10.1126/science.aat1327.
Perrin, Andrew. « Who Doesn't Read Books in America? » Pew Research Center, 23 mars 2018. www.pewresearch.org/fact-tank/2018/03/23/who-doesnt-read-books-in-america/.

Perrone, Catherine, et Lauren Handley. « Home Front Friday: The Victory Speed Limit. » National WWII Museum. Consulté le 12 janvier 2019. http://nww2m.com/2015/12/home-front-friday-get-in-the-scrap/

Physikalisch-Meteorologische Observatorium Davos / World Radiation Center (PMOD / WRC). « Solar Constant: Construction of a Composite Total Solar Irradiance (TSI) Time Series from 1978 to the Present. » https://www.pmodwrc.ch/en/research-development/solar-physics/tsi-composite/.

Pierre-Louis, Kendra. « Ocean Warming Is Accelerating Faster Than Thought, New Research Finds. » *The New York Times*, 10 janvier 2019. https://www.nytimes.com/2019/01/10/climate/ocean-warming-climate-change.html

Pilon, Mary. « I Found a Dead Body on My Morning Run – It's Something You Can't Run Away From. » *Runner's World*, 18 avril 2018. https://www.runnersworld.com/runners-stories/a19843617/i-found-a-dead-body-on-my-morning-runits-something-you-cant-run-away-from/.

Plastic Pollution Coalition. « The Last Plastic Straw Movement. » Consulté le 25 janvier 2019. https://www.plasticpollutioncoalition.org/no-straw-please/.

Plumer, Brad. « US Carbon Emissions Surged in 2018 Even as Coal Plants Closed. » *The New York Times*, 8 janvier 2019. https://www.nytimes.com/2019/01/08/climate/greenhouse-gas-emissions-increase.html.

Poirier, Agnès. « One of History's Most Romantic Photographs Was Staged. » BBC, 14 février, 2017. www.bbc.com/culture/story/20170213-the-iconic-photo-that-symbolises-love.

Power, Samantha. *« A Problem from Hell »: America and the Age of Genocide.* New York : HarperCollins, 2003.

Prairie Climate Center. « Four Degrees of Separation: Lessons from the Last Ice Age. » 28 octobre 2016. www.prairieclimatecentre.ca/2016/10/four-degrees-ofseparation-lessons-from-the-last-ice-age/.

Project Drawdown. « Solutions. » Consulté le 1er février 2019. www.drawdown.org/solutions.

Pursell, Weimer. « When You Ride ALONE You Ride with Hitler! » 1943. Poster. National Archives and Records Administration. https://www.archives.gov/exhibits/powers_of_persuasion/use_it_up/images_html/ride_with_hitler.html.

Raftery, Adrian E., Alec Zimmer, Dargan M. W. Frierson, Richard Startz, et Peiran Liu. « Less Than 2 °C Warming by 2100 Unlikely. » *Nature Climate Change* 7 (2017): 637–641. https://www.nature.com/articles/nclimate3352#article-info.

Rasmussen, Frederick N. « Liberty Ships Honored Blacks in U.S. History. » *The Baltimore Sun*, 6 mars 2004. https://www.baltimoresun.com/news/bs-xpm-2004-03-06-0403060173-story.html

Reaves, Jessica. « Where's the Beef (in the Teenage Diet)? » *Time*, 30 janvier 2003. www.content.time.com/time/health/article/0,8599,412343,00.html.

Rebuild by Design. « The Big U. » Consulté le 30 janvier, 2019. www.rebuildbydesign.org/our-work/all-proposals/winning-projects/big-u.

Reinert, Al. « The Blue Marble Shot: Our First Complete Photograph of Earth. » *The Atlantic*, 12 avril 2011. https://www.theatlantic.com/technology/archive/2011/04/the-blue-marble-shot-our-first-complete-photograph-of-earth/237167/.

Rennell, Tony. « The Blitz 70 Years On: Carnage at the Café de Paris. » *The Daily Mail*, 9 avril 2010. https://www.dailymail.co.uk/femail/article-1264532/The-blitz-70-years-Carnage-Caf-Paris.html.

Revkin, Andrew C. « Global Warming and the "Tyranny of Boredom." » *The New York Times*, 27 octobre 2010. https://dotearth.blogs.nytimes.com/2010/10/27/global-warming-and-the-tyranny-of-boredom/

Rice, Doyle. « Yes, Chicago Will Be Colder Than Antarctica, Alaska and the North Pole on Wednesday. » *USA Today*, 29 janvier 2019. https://www.usatoday.com/story/news/nation/2019/01/29/polar-vortex-2019-chicago-colder-than-antarctica-alaska-north-pole/2715979002/

Rich, Nathaniel. « Losing Earth: The Decade We Almost Stopped Climate Change. » *The New York Times Magazine*, 1er août 2018. https://www.nytimes.com/interactive/2018/08/01/magazine/climate-change-losing-earth.html

Riding, Alan. « In Louvre, New Room with View of "Mona Lisa." » *The New York Times*, 6 avril 2005. https://www.nytimes.com/2005/04/06/arts/design/in-louvre-new-room-with-view-of-mona-lisa.html.

Ritchie, Earl J. « Exactly How Much Has the Earth Warmed? And Does It Matter? » *Forbes*, 7 septembre 2018. https://www.forbes.

com/sites/uhenergy/2018/09/07/exactly-how-much-has-the-earth-warmed-and-does-it-matter/#7d0059185c22.
Ritchie, Hannah. « How Do We Reduce Antibiotic Resistance from Livestock? » Our World in Data, 16 novembre 2017. https://ourworldindata.org/antibiotic-resistance-from-livestock.
Robinson, Alexander, Reinhard Calov, et Andrey Ganopolski. « Multistability and Critical Thresholds of the Greenland Ice Sheet. » *Nature Climate Change* 2 (2012) : 429–432. https://doi.org/10.1038/nclimate1449.
Rochat, Philippe. « Five Levels of Self-Awareness as They Unfold Early in Life. » *Consciousness and Cognition* 12 (2003) : 717–731. http://www.psychology.emory.edu/cognition/rochat/Rochat5levels.pdf.
Roosevelt, Franklin Delano. « Executive Order 9250, Providing for the Stabilizing of the National Economy. » 3 octobre 1942. Consulté le 2 févrirer 2019. https://www.archives.gov/federal-register/executive-orders/1942.html.
Roosevelt, Franklin Delano. « Fireside Chat 21: On Sacrifice, » 28 avril 1942. Miller Center, University of Virginia. Consulté le 30 janvier 2019. https://millercenter.org/the-presidency/presidential-speeches/april-28-1942-fireside-chat-21-sacrifice.
Rosener, Ann. *Women in Industry. Gas Mask Production....* Juillet 1942. Photographie. United States Office of War Information, Library of Congress, https://www.loc.gov/item/2017693574/.
Rothman, Lily, et Aneja, Arpita. « You Still Don't Know the Whole Rosa Parks Story. » *Time*, 30 novembre 2015. www.time.com/4125377/rosa-parks-60-years-video/.
Rumble, Taylor-Dior. « Claudette Colvin: The 15-Year-Old Who Came Before Rosa Parks. » BBC World Service, 10 mars 2018. https://www.bbc.com/news/stories-43171799.
Safire, William. *Before the Fall: An Inside View of the Pre-Watergate White House.* New York : Doubleday, 1975.
Salk Institute for Biological Studies. « About Jonas Salk. » Consulté le 30 janvier 2019. https://www.salk.edu/about/history-of-salk/jonas-salk/.
Scheiber, Noam. « Google Workers Reject Silicon Valley Individualism in Walkout. » *The New York Times*, 6 novembre 2018. https://www.nytimes.com/2018/11/06/business/google-employee-walkout-labor.html.

Schein, Lisa. « More People Die from Suicide Than from Wars, Natural Disasters Combined. » *VOA News*, 4 septembre 2014. https://www.voanews.com/a/more-people-die-from-suicide-than-from-wars-natural-disasters-combined/2438749.html.

Schiller, Ben. « Sorry, Buying a Prius Won't Help with Climate Change. » *Fast Company*, 31 janvier 2014. https://www.fastcompany.com/3025359/sorry-buying-a-prius-wont-help-with-climate-change.

Schleussner, Carl Friedrich, Tabea K. Lissner, Erich M. Fischer, Jan Wohland, Mahé Perrette, Antonius Golly, Joeri Rogelj, Katelin Childers, Jacob Schewe, Katja Frieler, Matthias Mengel, William Hare, et Michiel Schaeffer. « Differential Climate Impacts for Policy-Relevant Limits to Global Warming: The Case of 1.5 °C and 2 °C. » *Earth System Dynamics* 7, no. 21 (avril 2016): 327–351. https://doi.org/10.5194/esd-7-327-2016

Schwartz, Alexandra. « Esther Perel Lets Us Listen in on Couples' Secrets. » *The New Yorker*, 31 mai 2017. https://www.newyorker.com/culture/cultural-comment/esther-perel-lets-us-listen-in-on-couples-secrets.

Schwartz, Jason. « MSNBC's Surging Ratings Fuel Democratic Optimism. » *Politico*, 11 avril 2018. https://www.politico.com/story/2018/04/11/msnbc-democrats-ratings-cnn-fox-513388.

ScienceDaily. « Bees, Fruits and Money : Decline of Pollinators Will Have Severe Impact on Nature and Humankind. ». Consulté le 15 mars 2019. www.sciencedaily.com/releases/2012/09/120904101128.htm.

Scott, Michon, et Rebecca Lindsey. « What's the Hottest Earth's Ever Been? » *ClimateWatch Magazine*, 12 août 2014. https://www.climate.gov/news-features/climate-qa/whats-hottest-earths-ever-been.

Scranton, Roy. « Learning How to Die in the Anthropocene. » *The New York Times*, 10 novembre 2013. https://opinionator.blogs.nytimes.com/2013/11/10/learning-how-to-die-in-the-anthropocene/.

Scranton, Roy. « Raising My Child in a Doomed World. » *The New York Times*, 16 juillet 2018. https://www.nytimes.com/2018/07/16/opinion/climate-change-parenting.html.

Sentience Institute. « US Factory Farming Estimates (Animals Alive at Present). » https://docs.google.com/spreadsheets/d/1iUpRFOP-mAE5IO4hO4PyS4MP_kHzkuM_-soqAyVNQcJc/edit#gid=0.

Shah, Bela. « Addicted to Selfies: I Take 200 Snaps a Day. » BBC News, 27 février 2018. https://www.bbc.com/news/newsbeat-43197018.

Shampo, Marc A., et Kyle, Robert A. « Jonas E. Salk – Discoverer of a Vaccine Against Poliomyelitis. » *Mayo Clinic Proceedings* 73, no. 12 (1998): 1176. https://doi.org/10.4065/73.12.1176.

Shapiro, Robert Moses, et Tadeusz Epsztein, eds. With an introduction by Samuel D. Kassow, « The Warsaw Ghetto Oyneg Shabes – Ringelblum Archive Catalog and Guide. » United States Holocaust Memorial Museum. Consulté le 25 janvier 2019. https://www.ushmm.org/research/publications/academic-publications/full-list-of-academic-publications/the-warsaw-ghetto-oyneg-shabesringelblum-archive-catalog-and-guide.

Shaw, Stacy. « The Overview Effect. » *Psychology in Action*, 1er janvier 2017. https://www.psychologyinaction.org/psychology-in-action-1/2017/01/01/the-overview-effect.

Sifferlin, Alexandra. « Global Jewish Population Approaches Pre-Holocaust Levels. » *Time*, 29 juin 2015. www.time.com/3939972/global-jewish-population/.

Smithsonian National Air and Space Museum. « Apollo to the Moon. » Consulté le 24 janvier 2019. https://airandspace.si.edu/exhibitions/apollo-to-the-moon/online/later-missions/apollo-17.cfm.

Solly, Meilan. « How Did the "Great Dying" Kill 96 Percent of Earth's Ocean-Dwelling Creatures ? » *Smithsonian*, 11 décembre 2018. https://www.smithsonianmag.com/smart-news/how-did-great-dying-kill-96-percent-earths-ocean-dwelling-creatures-180970992/.

Springmann, Marco, Michael Clark, Daniel Mason-D'Croz, Keith Wiebe, Benjamin Leon Bodirsky, Luis Lassaletta, Wim de Vries, Sonja J. Vermeulen, Mario Herrero, Kimberly M. Carlson, Malin Jonell, Max Troell, Fabrice DeClerck, Line J. Gordon, Rami Zurayk, Peter Scarborough, Mike Rayner, Brent Loken, Jess Fanzo, H. Charles J. Godfray, David Tilman, Johan Rockström, et Walter Willett. « Options for Keeping the Food System Within Environmental Limits. » *Nature* 562 (2018): 519–525. https://doi.org/10.1038/s41586-018-0594-0.

Statista, « US Air Passengers' Main Trip Purposes in 2017, by Type. » Consulté le 31 janvier 2019. https://www.statista.com/statistics/539518/us-air-passengers-main-trip-purposes-by-type/.

Steinfeld, Henning, et Pierre Gerber. « Livestock Production and the Global Environment: Consume Less or Produce Better? » *Proceedings of the National Academy of Sciences* 107, no. 43 (26 octobre 2010). https://www.ncbi.nlm.nih.gov/pmc/articles/PMC2972985/pdf/pnas.201012541.pdf.

Steinfeld, Henning, Pierre Gerber, Tom Wassenaar, Vincent Castel, Mauricio Rosales, et Cees de Haan. *Livestock's Long Shadow: Environmental Issues and Options*. Rome : Food and Agriculture Organization of the United Nations, 2006. http://www.fao.org/docrep/010/a0701e/a0701e.pdf.

Steinfeld, Henning, et Tom Wassenaar. « The Role of Livestock Production in Carbon and Nitrogen Cycles, » *Annual Review of Environment and Resources*, vol. 32 (21 novembre 2007): 271–294, https://doi.org/10.1146/annurev.energy.32.041806.143508.

Steinmetz, Katy. « See Obama's 20-Year Evolution on LGBT Rights. » *Time*, 10 avril 2015. www.time.com/3816952/obama-gay-lesbian-transgender-lgbt-rights/.

Strain, Daniel. « How Much Carbon Does the Planet's Vegetation Hold? » Future Earth Blog, 31 janvier 2018. www.futureearth.org/blog/2018-jan-31/how-much-carbon-does-planets-vegetation-hold.

Sudhir, K., Subroto Roy, et Cherian, Mathew. « Do Sympathy Biases Induce Charitable Giving ? The Effects of Advertising Content. » Cowles Foundation for Research in Economics, Yale University, novembre 2015. https://cowles.yale.edu/sites/default/files/files/pub/d19/d1940.pdf.

Sullivan, Patricia. « Bus Ride Shook a Nation's Conscience. » *The Washington Post*, 25 octobre 2005. http://www.washingtonpost.com/wp-dyn/content/article/2005/10/24/AR2005102402053.html.

Taagepera, Rein. « Size and Duration of Empires: Growth-Decline Curves, 600 B.C. to 600 A.D. » *Social Science History* 3, no. 3–4 (1979): 115–138. https://doi.org/10.2307/1170959.

« Terrorist Attacks by Vehicles Fast Facts. » CNN Library. 20 août 2018. https://www.cnn.com/2017/05/03/world/terrorist-attacks-by-vehicle-fast-facts/index.html.

Thaler, Richard H., et Sunstein, Cass R. « Easy Does It: How to Make Lazy People Do the Right Thing. » *The New Republic*, avril 2008. https://newrepublic.com/article/63355/easy-does-it.

« The Theft That Made the "Mona Lisa" a Masterpiece. » NPR. 30 juillet 2011. https://www.npr.org/2011/07/30/138800110/the-theft-that-made-the-mona-lisa-a-masterpiece.

Thompson, A. C. « Timeline: The Science and Politics of Global Warming. » *Frontline.* PBS. Consulté le 24 janvier 2019. https://www.pbs.org/wgbh/pages/frontline/hotpolitics/etc/cron.html.

Tillman, Barrett. *D-Day Encyclopedia: Everything You Want to Know About the Normandy Invasion* (Washington, DC : Regnery History, 2014).

Time, « Climate Change Used to Be a Bipartisan Issue. Here's What Changed. » 27 juillet 2017. www.time.com/4874888/climate-change-politics-history/

Truth Initiative. « Why Are 72 % of Smokers from Lower-Income Communities. » 24 janvier 2018. https://truthinitiative.org/news/why-are-72-percent-smokers-lower-income-communities.

Union of Concerned Scientists. « How Do We Know That Humans Are the Major Cause of Global Warming? » 1er août 2017. https://www.ucsusa.org/global-warming/science-and-impacts/science/human-contribution-to-gw-faq.html.

United Nations. « Statement by His Excellency Dr. Fakhruddin Ahmed, Honorable Chief Adviser of the Government of the People's Republic of Bangladesh », at the High-Level Event on Climate Change, United Nations, New York, 24 septembre 2007. http://www.un.org/webcast/climatechange/highlevel/2007/pdfs/bangladesh-eng.pdf.

United Nations Department of Economic and Social Affairs, Population Division. « World Population Prospects : The 2017 Revision. » New York : United Nations.

United Poultry Concerns, « Super-Sizing the Chicken, 1923 – Present. » 19 février 2015, www.upc-online.org/industry/150219_super-sizing_the_chicken.html.

United States Bureau of Labor Statistics. « Employment Projections Program. » Consulté le 30 janvier 2019. https://www.bls.gov/emp/tables/employment-by-major-industry-sector.html.

United States Bureau of the Census. « Census of Agriculture, 1969, volume II. » Consulté le 30 janvier 2019. http://usda.mannlib.cornell.edu/usda/AgCensusImages/1969/02/03/1969-02-03.pdf.

United States Climate Change Science Program. « The Climate Change Research Initiative. » 2003. Consulté le 24 janvier 2019. https://data.globalchange.gov/assets/2a/42/f55760db8a810e1f-ba12c67654dc/ccsp-strategic-plan-2003.pdf.

United States Department of Agriculture Economic Research Service. « Access to Affordable and Nutritious Food : Measuring and Understanding Food Deserts and Their Consequences. » 2009.

United States Department of the Interior. « New Analysis Shows 2018 California Wildfires Emitted as Much Carbon Dioxide as an Entire Year's Worth of Electricity. » 30 novembre 2018. https://www.doi.gov/pressreleases/new-analysis-shows-2018-california-wildfires-emitted-much-carbon-dioxide-entire-years.

United States Elections Project. « 2014 November General Election Turnout Rates. » Consulté le 30 janvier 2019. www.electproject.org/2014g.

United States Elections Project « 2016 November General Election Turnout Rates. » Consulté le 30 janvier 2019. www.electproject.org/2016g.

United States Energy Information Administration. « Chinese Coal-Fired Electricity Generation Expected to Flatten as Mix Shifts to Renewables. » 27 septembre 2017. https://www.eia.gov/todayinenergy/detail.php?id=33092.

United States Environmental Protection Agency. « Climate Change Indicators: Atmospheric Concentrations of Greenhouse Gases. » EPA.gov, 23 janvier 2017. https://www.epa.gov/climate-indicators/climate-change-indicators-atmospheric concentrations-greenhouse-gases.

United States Environmental Protection Agency, « Greenhouse Gas Biogenic Sources 14.4 Enteric Fermentation – Greenhouse Gases, Supplement D. » Chap. 44 in *Air Pollutant Emissions Factors*, 5ème ed., vol. 1, février 1998. https://www3.epa.gov/ttnchie1/ap42/ch14/final/c14s04.pdf.

United States Environmental Protection Agency. « International Treaties and Cooperation About the Protection of the Stratospheric Ozone Layer. » EPA.gov. Consulté le 24 janvier 2019. https://www.epa.gov/ozone-layer-protection/international-treaties-and-cooperation-about-protection-stratospheric-ozone.

United States Environmental Protection Agency, *Inventory of US Greenhouse Gases Emissions and Sinks, 1990–2016*. 18 avril 2018. https://www.epa.gov/ghgemissions/inventory-us-greenhouse-gas-emissions-and-sinks.

United States Environmental Protection Agency « Earthrise – the Picture That Inspired the Environmental Movement. » Science Wednesday, *EPA Blog*, 1er juillet 2009. https://blog.epa.gov/2009/07/01/science-wednesday-Earthrise/.

United States Holocaust Memorial Museum. « Children During the Holocaust. » Consulté le 10 mars 2019. https://encyclopedia.ushmm.org/content/en/article/children-during-the-holocaust.
University of Illinois Extension, « Turkey Facts. » Consulté le 30 janvier 2019. http://extension.illinois.edu/turkey/turkey_facts.cfm.
University of Washington. Joint Study for the Atmosphere and the Ocean. « PDO Index. » http://research.jisao.washington.edu/pdo/PDO.latest.
Vidal, John. « Protect Nature for Worldwide Economic Security, Warns UN Biodiversity Chief. » *The Guardian*, 16 août 2010. https://www.theguardian.com/environment/2010/aug/16/nature-economic-security.
Virginia Museum of History and Culture. « Turning Point: World War II. » Consulté le 24 janvier 2019. https://www.virginiahistory.org/collections-and-resources/virginia-history-explorer/civil-rights-movement-virginia/turning-point.
Wade, Lizzie. « Tesla's Electric Cars Aren't as Green as You Might Think. » *Wired*, 31 mars 2016. https://www.wired.com/2016/03/teslas-electric-cars-might-not-green-think/.
Wakabayashi, Daisuke, Erin Griffith, Amie Tsang, et Kate Conger. « Google Walkout: Employees Stage Protest Over Handling of Sexual Harassment. » *The New York Times*, 1er novembre 2018. https://www.nytimes.com/2018/11/01/technology/google-walkout-sexual-harassment.html?module=inline.
Wallace-Wells, David. « Could One Man Single-Handedly Ruin the Planet? » *The New York Magazine*, 31 octobre 2018. http://nymag.com/intelligencer/2018/10/bolsanaros-amazon-deforestation-accelerates-climate-change.html.
Wallace-Wells, David. « The Uninhabitable Earth, Annotated Edition. » *The New York Magazine*, 10 juillet 2017. http://nymag.com/intelligencer/2017/07/climate-change-earth-too-hot-for-humans-annotated.html.
Wallace-Wells, David. *The Uninhabitable Earth: Life After Warming*. New York : Penguin Random House, 2019.
Walters, Daniel. « What's Their Beef ? More and More Americans Are Becoming Vegetarians. » *Transitions*. Consulté le 5 février 2019. https://www.whitworth.edu/Alumni/Transitions/Articles/Calling/TheyretheOtherWhiteMeat.htm
Weisman, Alan. « Earth Without People. » *Discover*, février 2005. http://discovermagazine.com/2005/feb/earth-without-people.

Welcome to the Anthropocene. www. anthropocene.info
Wilder, Emily. « Bees for Hire: California Almonds Become Migratory Colonies' Biggest Task. »... *& the West Blog*, Bill Lane Center for the American West, Stanford University, 17 août 2018. https://west.stanford.edu/news/blogs/and-the-west-blog/2018/bees-for-hire-california-almonds-now-are-migratory-colonies-biggest-task.
Williams, Casey. « These Photos Capture the Startling Effect of Shrinking Bee Populations. » Huffington Post, 7 avril 2016. https://www.huffingtonpost.com/entry/humans-bees-china_us_570404b3e4b083f5c6092ba9.
Wilson, Michael. « His Body Was Behind the Wheel for a Week Before It Was Discovered. This Was His Life. » *The New York Times*, 23 octobre 2018. https://www.nytimes.com/2018/10/23/nyregion/man-found-dead-in-car-new-york.html
Wise, Jeff. *Extreme Fear: The Science of Your Mind in Danger*. New York : Palgrave Macmillan, 2009.
Wise, Irvin L., and Lester M. Hall. « Distorting contact lenses for animals. » U.S. Patent 3,418,978, 30 novembre 1966. https://patents.google.com/patent/US3418978?oq=patent:3418978.
Wolf, Julia, Ghassem Asrar, et Tristam West. « Revised Methane Emissions Factors and Spatially Distributed Annual Carbon Fluxes for Global Livestock. » *Carbon Balance and Management* 12, no. 16, 2017. https://doi.org/10.1186/s13021-017-0084-y.
Worland, Justin. « These Cities May Soon Be Uninhabitable Thanks to Climate Change. » *Time*, 26 octobre 2015. www.time.com/4087092/climate-change-heat-wave/.
World Bank. *Turn Down the Heat: Climate Extremes, Regional Impacts, and the Case for Resilience: A Report for the World Bank by the Potsdam Institute for Climate Impact Research and Climate Analytics*. Washington, DC : World Bank, 2013. http://www.worldbank.org/content/dam/Worldbank/document/Full_Report_Vol_2_Turn_Down_The_Heat_%20Climate_Extremes_Regional_Impacts_Case_for_Resilience_Print%20version_FINAL.pdf.
World Bank. « World Bank Open Data. » Consulté le 31 janvier 2019. https://data.worldbank.org/country.
World Food Program. « World Hunger Again on the Rise, Driven by Conflict and Climate Change, New UN Report Shows. » 15 septembre 2017. https://www.wfp.org/news/news-release/

world-hunger-again-rise-driven-conflict-and-climate-change-new-un-report-says.
World Health Organization. « Climate Change and Human Health – Risks and Responses. » 2003. https://www.who.int/globalchange/climate/summary/en/index5.html.
World Health Organization. « Fact Sheet : Suicide. » 24 août 2018. https://www.who.int/news-room/fact-sheets/detail/suicide.
WorldSpaceFlight. « Astronaut/Cosmonaut Statistics. » Consulté le 31 janvier 2019. https://www.worldspaceflight.com/bios/stats.php.
World Wildlife Fund. « Forest Conversion. » Consulté le 31 janvier 2019. https//:www.wwf.panda.org/our_work/forests/deforestation_causes/forest_conversion/.
World Wildlife Fund. « Wildlife in a Warming World: The Effects of Climate Change on Biodiversity. » 2018. https://www.worldwildlife.org/publications/wildlife-in-a-warming-world-the-effects-of-climate-change-on-biodiversity.
Wynes, Seth, et Kimberly A. Nicholas. « The Climate Mitigation Gap: Education and Government Recommendations Miss the Most Effective Individual Actions. » *Environmental Research Letters* no. 12, 2017, 074024. http://iopscience.iop.org/article/10.1088/1748-9326/aa7541/pdf.
Xerces Society for Invertebrate Conservation. « Bumblebee Conservation. » Consulté le 30 janvier 2019. https://xerces.org/bumblebees/.
Yaden, David B., Jonathan Iwry, Kelley Slack, Johannes C. Eichstaedt, Yukun Zhao, George Vaillant, et Andrew Newberg. « The Overview Effect : Awe and Self-Transcendent Experience in Space Flight. » *Psychology of Consciousness: Theory, Research, and Practice* 3, no. 1 (2016) : 1–11. https://doi.org/10.1037/cns0000086.
Zhao, Chuang, Bing Liu, Shilong Piao, Xuhui Wang, David B. Lobell, Yao Huang, Mengtian Huang, Yitong Yao, Simona Bassu, Philippe Ciais, Jean-Louis Durand, Joshua Elliott, Frank Ewert, Ivan A. Janssens, Tao Li, Erda Lin, Qiang Liu, Pierre Martre, Christoph Müller, Shushi Peng, Josep Peñuelas, Alex C. Ruane, Daniel Wallach, Tao Wang, Donghai Wu, Zhuo Liu, Yan Zhu, Zaichun Zhu, et Senthold Asseng. « Temperature Increase Reduces Global Yields. » *Proceedings of the National Academy of Sciences* 114 no. 35 (août 2017): 9326–9331. https://doi.org/10.1073/pnas.1701762114.

Ziegler, Jean. « Burning Food Crops to Produce Biofuels Is a Crime Against Humanity. » *The Guardian*, 26 novembre 2013. https://www.theguardian.com/global-development/poverty-matters/2013/nov/26/burning-food-crops-biofuels-crime-humanity.

Zijdeman, Richard, et Filipa Ribeira Da Silva. « Life Expectancy at Birth. » Clio Infra. Consulté le 30 janvier 2019. http://hdl.handle.net/10622/LKYT53.

Zimmer, Carl. « The Planet Has Seen Sudden Warming Before. It Wiped Out Almost Everything. » *The New York Times*, 7 décembre 2018. https://www.nytimes.com/2018/12/07/science/climate-change-mass-extinction.html.

Zug, James. « Stolen: How the Mona Lisa Became the World's Most Famous Painting. » *Smithsonian*, 15 juin 2011. https://www.smithsonianmag.com/arts-culture/stolen-how-the-mona-lisa-became-the-worlds-most-famous-painting-16406234/.

Zuidhof, M.J., B.L. Schneider, V.L. Carney, D.R. Korver, et F.E. Robinson. « Growth, Efficiency, and Yield of Commercial Broilers from 1957, 1978, and 2005. » *Poultry Science* 93 no. 12 (décembre 2014) : 2970–2982. https://doi.org/10.3382/ps.2014-04291.

Remerciements

Ce livre a commencé par une conversation avec Ev Williams en 2017. Peu de temps après, il m'a présenté à Abbey Banks. Tous deux ont été des interlocuteurs généreux tout au long du processus d'écriture et m'ont aidé à penser qu'un changement significatif est possible.

Simone Friedman, comme l'aurait dit ma grand-mère, est « une force de la nature ». Son énergie, sa sagesse, son ambition et son optimisme rendent accessibles même les visions les plus idéalistes. Le premier pas vers les changements qu'il nous faut opérer dans nos vies est de savoir quels changements sont nécessaires. Grâce au travail de Simone, ainsi qu'à celui de Manny Friedman et d'EJF Philanthropies, la connexion essentielle entre le dérèglement climatique et l'élevage s'est finalement faite dans la conscience publique.

J'ai engagé Tess Gunty comme assistante de recherche, mais elle est rapidement devenue ma première lectrice, et au bout du compte, ma collaboratrice. Chaque phrase de ce livre a bénéficié de son attention sans faille.

Je ne peux imaginer de sujet plus complexe et plus controversé que la crise planétaire et nos choix alimentaires. La vigilance de Hunter Braithwaite dans la vérification des faits m'a été indispensable.

J'ai été en contact avec de nombreux experts en climatologie durant la rédaction. Je leur suis reconnaissant pour le temps qu'ils m'ont accordé, les informations qu'ils m'ont fournies et les connaissances qu'ils ont partagées. Brent

Kim, Raychel Santo et Jeff Anhang méritent d'être tout spécialement mentionnés.

Les éditions Farrar, Strauss & Giroux m'ont un jour rappelé quelle chance j'avais d'être écrivain. Je veux dire toute ma gratitude à Scott Auerbach, Jonathan Galassi, M. P. Klier, Spenser Lee, Jonathan Lippincott, Alex Merto, Julia Ringo et Jeff Seroy.

Comme tant de choses, ce livre parle avant tout de ce que se sentir « chez soi » veut dire. Nicole Aragi et Eric Chinski sont ma maison littéraire depuis presque vingt ans. Merci.

Table

I. INCROYABLE

Les fins qui tuent 11
Pas un sacrifice 15
Pas une bonne histoire 21
Savoir ne suffit pas 27
L'envie de vivre 33
Force extrême 36
Matchs à l'extérieur 40
Écrire « K-O » sur ses gants 44
Selfies 48
Olas, perches et bâtons 52
L'urgence d'agir 55
Comment naissent les olas ? 61
Ouvrir les yeux 69
La responsabilité nous appartient 80
Montre tes mains 81

II. COMMENT PRÉVENIR L'EXTINCTION

Des degrés qui font la différence 95
La première crise 96
Début de l'élevage 98
Notre planète est une ferme 99
L'accroissement de la population est extrême 100

Notre pratique de l'élevage est extrême 101
Notre alimentation est extrême 103
Notre changement de climat est extrême 104
Pourquoi les gaz à effet de serre sont importants 105
Le dérèglement climatique est une bombe à retardement 107
Parce que le dérèglement climatique est une bombe à retardement tous les gaz à effet de serre n'ont pas la même importance 109
Pourquoi la déforestation est importante 111
La déforestation n'a pas la même importance partout 113
L'élevage est responsable du dérèglement climatique 114
L'élevage est une/la cause primordiale du dérèglement climatique 115
Il sera impossible de désamorcer la bombe à retardement sans réduire notre consommation de produits d'origine animale 117
Toutes les actions ne se valent pas 118
Tous les aliments ne sont pas équivalents 120
Comment prévenir l'extinction 121

III. RIEN QU'UNE MAISON

Cartographier notre vision 125
Le plus familier est presque toujours le moins perceptible 132
Quelques images de chez nous 134
Quelques images de nous-mêmes 138
Hypothéquer la maison 147
Une autre Terre 152

Verre 158
Première maison 164
Dernière demeure 166

IV. DISCUSSION AVEC L'ÂME

V. VIVRE ENCORE

Ressources limitées 215
Le déluge et l'arche 219
Être ou ne pas être, telle est la question 227
Après nous 242
Lettre de vie 250

Appendice : 14,5 % / 51 % 265
Notes 277
Bibliographie 299
Remerciements 331

RÉALISATION : NORD COMPO À VILLENEUVE-D'ASCQ
IMPRESSION : CPI FRANCE
DÉPÔT LÉGAL : OCTOBRE 2020. N° 144608 (3039622)
IMPRIMÉ EN FRANCE